风景园林计算机辅助设计入门操作图解

AutoCAD + Photoshop + SketchUp

王长柳　陈　娟　主编

U0287472

科学出版社

北　京

内 容 简 介

本书以一个林盘院落改造项目为例，详细介绍了计算机辅助设计中三大常用软件的操作方法。全书分为三篇，第一篇 AutoCAD 总平面绘制，结合林盘院落改造项目，介绍总平面图的道路、水系、院落、植被、开敞空间等各景观要素的绘制方法和操作技巧。第二篇 Photoshop 后期处理，基于 CAD 篇绘制的总平面，介绍总平面图的后期处理步骤和方法，包括图层导出、填充、植被处理等。第三篇 SketchUp 三维建模，基于前两篇的绘制基础，介绍各景观要素的建模，特别是单体建筑和院落的建模方法和步骤，以及项目效果图和鸟瞰图的处理等内容。

本书内容丰富，步骤详细，实用性较强，可作为风景园林和城乡规划设计初学者的自学用书，或作为相关院校和专业师生的教学参考书或培训班教材。

图书在版编目(CIP)数据

风景园林计算机辅助设计入门操作图解：AutoCAD+Photoshop+SketchUp / 王长柳，陈娟主编. -- 北京 :科学出版社，2018.5(2019.7 重印)
　ISBN 978-7-03-057323-0

　Ⅰ.①风… Ⅱ.①王… ②陈… Ⅲ.①园林设计-计算机辅助设计-应用软件 Ⅳ.①TU986.2-39

　中国版本图书馆 CIP 数据核字 (2018) 第 088501 号

责任编辑：张　展　杨悦蕾 / 责任校对：雷　蕾
责任印制：罗　科 / 封面设计：墨创文化

科 学 出 版 社 出版
北京东黄城根北街16号
邮政编码：100717
http://www.sciencep.com

成都锦瑞印刷有限责任公司印刷
科学出版社发行　各地新华书店经销
*

2018 年 5 月第 一 版　　开本：B5 (720×1000)
2019 年 7 月第二次印刷　　印张：8
字数：160 千字
定价：39.00 元
(如有印装质量问题,我社负责调换)

前　　言

为全面贯彻落实《国务院办公厅关于深化高等学校创新创业教育改革的实施意见》(国办发〔2015〕36号)的精神,进一步深化本科教学改革,提升人才培养质量,2016年,西南民族大学启动了新一轮本科专业培养方案改革工作。其中,压缩总学分学时,加大实践教学环节,增强学生自主学习能力,支持和鼓励学生的交叉复合培养和全面发展,加强学生创新创业能力的培养是本次改革的重点。在本次教学改革中,西南民族大学风景园林专业将毕业要求最低学分基准线从220学分降为184学分。《风景园林计算机辅助设计》课程学时从原来的64学时压缩为32学时,并提前至第三学期开设。

为适应高等教育改革发展新形势新要求,本书对传统风景园林计算机辅助设计课程内容进行了较大调整,删减以往对软件的操作命令逐个讲解的"说明书"内容,以一个完整的风景园林设计项目为主线,详细讲解 AutoCAD、Photoshop和 SketchUp 三大常用软件在实践项目不同阶段图件绘制中的具体操作。目的是增强计算机辅助设计课的针对性和实用性,使学生在较短的教学时间内,掌握风景园林计算机辅助设计的核心操作和应用,提高教学效率和效果。本书同时保留了部分基础命令解析内容和技术难度较高的选学内容,以便学生根据自身情况进行选学。

本书获得了西南民族大学教育教学研究与改革项目(2017YB19)资助,在编写过程中,得到了陈娟、周媛、曾昭君、黄麟涵、黎贝老师的大力支持和帮助,夏源、孙琳珺、刘仁东、赵思琪也参与了本书部分内容的编写,在此一并致谢! 由于时间仓促,加之作者水平和经验有限,书中难免有疏漏和不当之处,恳请读者批评指正。在本书的使用过程中如有疑问和建议或是需要相关素材,可发邮件至1927838897@qq.com。

目　　录

第一篇　AutoCAD 总平面绘制

第二篇　Photoshop 后期处理

第三篇　SketchUp 三维建模

第一篇　AutoCAD 总平面绘制

第一章 图件导入

1.1 操 作 步 骤

1. 插入图件

左键点选菜单栏中"插入"菜单，选择"光栅图像参照"（图1-1），弹出"选择参照文件"对话框。根据图像所保存的路径，选择对应场地影像图片，单击"打开"文件。

图1-1 插入光栅图

2. 附着图像

在"附着图像"对话框中指定插入点，本案例中选择原点位置为插入点（0，0，0），也可勾选"在屏幕上指定"选择任意点作为插入点。点击"确定"插入图片，图片文件导入完成（图1-2）。

图 1-2　插入图片

3.　图形大小调整

使用 AutoCAD 绘制总平面图时，通常建议按实际尺寸绘制。因本案例中导入的影像图比例尺不明确，因此，需要首先确定影像图的比例关系，然后依据比例关系进行缩放。操作方法是，测出实际距离已知的两点间线段的长度，通过比较两点实际距离与影像图中两点线段的长度，获得比例关系。本案例中，经现场调研测绘 AB 段实际距离为 80 m（图 1-3）。

图 1-3　实际距离

在 AutoCAD 中执行"标注"命令，选择菜单栏标注中"对齐标注"，或在命令栏输入快捷命令<dal>，在图中选择 AB 两点，测出两点在图中的长度为6.35m。根据 AB 段实际距离和图中长度之比，测算图像应放大的比例为80/6.35≈12.6。

4. 调整缩放比例

执行"缩放"命令，在命令栏输入快捷命令<sc>，根据命令栏中的操作提示进行操作。首先，左键单击插入的影像图，右键确认；左键单击原点位置作为基点，回车键确认，在命令栏输入指定参数比例因子数值12.6(图1-4)，回车键确认，将影像图放大为比例尺1：1。

```
指定插入点 <0,0>:
基本图像大小: 宽: 1.000000, 高: 1.054545, 无单位
指定缩放比例因子或 [单位(U)] <1>:
命令: sc SCALE
选择对象: 指定对角点: 找到 1 个
选择对象:
指定基点:

指定比例因子或 [复制(C)/参照(R)] <1>: 12.6
```

图1-4　调整缩放比例

5. 其他设置

将导入的影像图置于底层，并调节图像的透明度以利于 AutoCAD 临摹绘图，操作如下：右键单击影像图，选择"绘图次序"→"后置"(图1-5)。执行"查看图片属性"命令，按下快捷键<Ctrl+1>，调整图片透明度、裁剪图片等(图1-6)。

图1-5　查看图片属性

图1-6　图片调整

1.2　基本命令

1. 标注命令

1)标注样式

命令:dimstyle ，快捷命令<d>。

操作方法:选择菜单栏"注释"→"标注样式",出现 "标注样式管理器"对话框,选择"修改"(图1-7),根据需要修改相关选项,修改效果以"预览"的方式呈现。

图 1-7　标准样式

2) 对齐标注

命令：dimaligned，快捷命令<dal>。

操作方法：菜单栏"注释"→"对齐标注"，点击需要标注的线段的端点，然后点击另外一端点，拖动鼠标，将标注线放到合适的位置(图 1-8)。

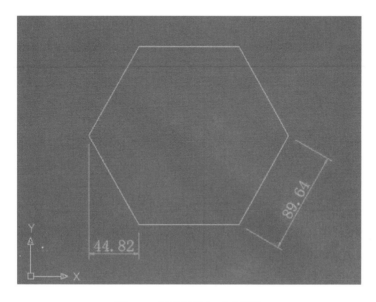

图 1-8　线性标注与对齐标注

3）线性标注

命令：dimlinear，快捷命令<dli>。

操作方法：菜单栏"注释"→"线性标注"，点击需要标注的线段的端点，然后点击另外一端点，拖动鼠标，将标注线放到合适的位置（图1-8）。

4）连续标注

命令：dimcontinue，快捷命令<dco>。

操作方法：首先，执行完毕一次"线性标注"，再执行菜单栏"标注"→"连续标注"，从第一次线性标注的端点开始连续选中需要进行连续标注的各个端点，同时将标注线放置在合适位置。选择完毕后，回车键确认（图1-9）。

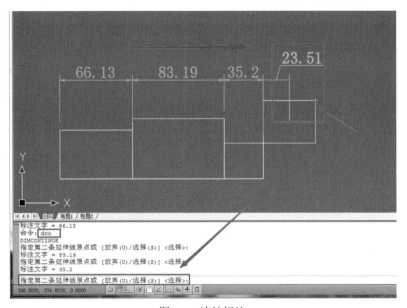

图1-9　连续标注

2. 缩放命令

命令：scale，快捷命令<sc>。

操作方法：菜单栏"修改"→"缩放"，鼠标左键选择要缩放的对象。鼠标右键确认，在绘图区域指定基点，在命令栏输入比例因子，回车键完成缩放。

主要参数含义：

基点：指缩放的基准点。

指定比例因子：比例因子大于1，放大对象；比例因子大于0小于1，缩小对象。

参照：按指定的新长度和参考的长度的比值缩放所选对象。

第二章 道路绘制

2.1 操作步骤

1. 新建道路图层

新建名为"道路"的图层,设置图层颜色为黄色,将其设置为当前图层(图2-1)。

图2-1 新建图层

2. 绘制道路

(1)执行"多段线"命令,在命令栏输入快捷命令<pl>,根据影像图中的道路,依次临摹绘制林盘中的道路。道路线由两条线段组成,可先描绘道路中心线,再将道路中心线进行两侧平行偏移。

(2)执行"偏移"命令,在命令栏输入快捷命令<o>,输入偏移距离。其中干路中心线两侧分别偏移2500mm,支路中心线两侧分别偏移1500mm(图2-2)。

(3)执行"倒圆角"命令,在命令栏输入快捷命令<f>,将相邻道路以圆角方式连接，干路转弯半径 R=5000mm，支路 R=3000mm（图 2-3）。

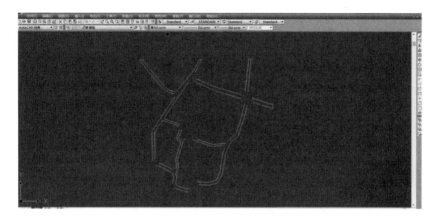

图 2-2　道路绘制和偏移

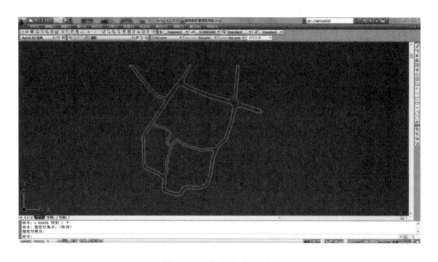

图 2-3　道路主体结构

3．绘制小路

（1）执行"多段线"命令，在命令栏输入快捷命令<pl>，根据影像图中的内容，依次临摹绘制出其他巷道和入户道路。

（2）执行"倒圆角"命令，在命令栏输入快捷命令<f>，将相邻巷道以圆角方式连接，转弯半径设置为 2000mm，完成道路结构绘制（图 2-4）。

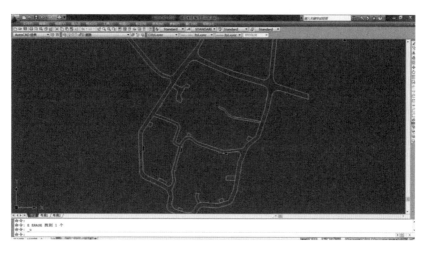

图 2-4　完整道路结构

2.2　基　本　命　令

1．绘制直线

命令：line，快捷命令<l>。

操作方法：执行菜单栏"绘图"→"直线"；点击鼠标左键绘制直线的端点，移动鼠标到直线的另一端点，点击鼠标左键，完成绘制。

主要参数含义：

指定第一点：定义直线的第一点。

指定下一点：绘制直线的下一个端点。

放弃(u)：放弃刚刚绘制的线条。

闭合(c)：封闭直线段，使之首尾相连成封闭多边形。

2．倒角

命令：chamfer，快捷命令<cha>。

操作方法：执行菜单栏"修改"→"倒角"，在命令栏输入快捷命令<cha>，根据命令行提示依次输入第一个倒角和第二个倒角的距离，随后用鼠标依次选择夹角两边的第一根直线和第二根直线(图 2-5)。

主要参数含义：

距离：设置选定边的倒角距离，两个倒角距离可以相等，也可以不等。

角度：通过第一条线的倒角距离和第一条线的倒角角度来形成倒角。

图 2-5　倒角示例

3.　圆角

命令：fillet，快捷命令<f>。

操作方法：执行菜单栏"修改"→"圆角"；在命令栏输入快捷命令<f>，根据命令行提示依次选择相连的两条直线(图 2-6)。

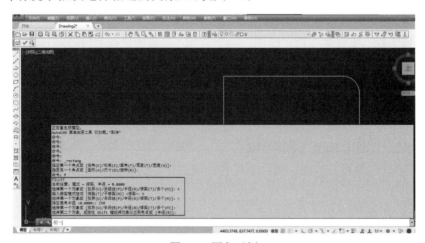

图 2-6　圆角示例

主要参数含义：

半径：设定圆角半径。

4.　偏移

命令：offset，快捷命令<o>。

操作方法： 执行菜单栏"修改"→"偏移"；在命令栏输入快捷命令<o>，选择需要偏移的对象，根据命令行提示输入需要偏移的距离，以及偏移的方向。

主要参数含义：

指定偏移距离：该距离可以通过键盘键入，也可以通过点取两个点定义。

通过(t)：指定偏移的对象将通过随后选取的点。

指定点以确定偏移所在的一侧：指定点来确定往那个方向移动。

第三章　建筑绘制

3.1　操作步骤

1. 新建建筑图层

新建一个名为"建筑"的图层，设置图层颜色为洋红，并将其设置为当前图层（图 3-1）

图 3-1　新建建筑图层

2. 绘制建筑

（1）执行"绘制矩形"命令，在命令栏输入快捷命令<rec>，依据影像图中建筑的分布情况，临摹绘制建筑体块（图 3-2）。

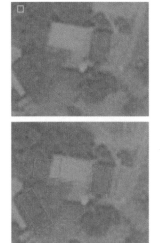

图 3-2　光栅图像参照示例

（2）执行"旋转对象"命令，在命令栏输入快捷命令<ro>，依据影像图中建筑的朝向，右键选择建筑主体矩形，旋转到相应的角度，单击空格键或"回车"键，确认执行。

（3）执行"多段线"命令，在命令栏输入快捷命令<pl>，按照光栅图像绘制建筑的外轮廓线（非标准矩形建筑）。

（4）执行"修剪"命令，在命令栏输入快捷命令<tr>，双击空格键确认执行，选择需要删除的交叉线条，修剪多余的线段（图3-3）。

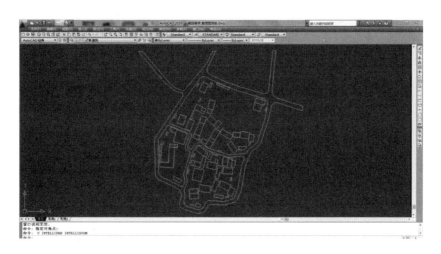

图3-3　建筑主体结构

3. 绘制坡屋顶

如遇坡屋顶建筑，则需在后期彩平图中表现出屋顶的立体感和光影效果，因此，需要在AutoCAD中绘制坡屋顶暗面（图3-4）。

新建一个名为"暗面"的图层，图层颜色为红色。将其设置为当前图层。执行"多段线"命令，在命令栏输入快捷命令<pl>，绘制坡屋顶建筑的暗面，沿建筑外轮廓绘制坡屋顶的暗面，大小为屋顶的一半（图3-5）。

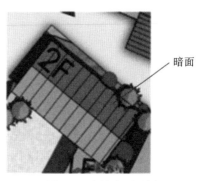

暗面

图3-4　建筑暗面示例

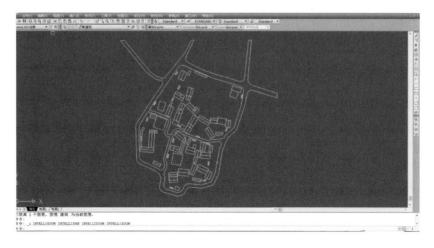

图 3-5　建筑坡屋顶

4．绘制围墙

新建一个名为"围墙"的图层，设置图层颜色为橙。将其设置为当前图层。执行"多段线"命令，在命令栏输入快捷命令<pl>，根据影像图中各农户院落边界绘制围墙外轮廓线。执行"偏移"命令，在命令栏输入快捷命令<o>，将围墙轮廓线向里偏移 200mm（围墙厚度），闭合围墙多段线（图 3-6），依次完成其他院落围墙绘制。

图 3-6　建筑围墙

5．绘制庭院

新建一个名为"庭院"的图层，图层颜色为白色。将其设置为当前图层。执行"多段线"命令，在命令栏输入快捷命令<pl>，根据影像图绘制各户庭院范围线，将房屋围合形成的庭院空间用多段线连接且对象闭合(图3-7)。

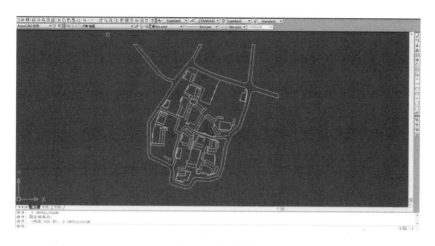

图 3-7 庭院图层

3.2 基 本 命 令

1. 多段线

命令：pline，快捷命令<pl>。

操作方法：执行菜单栏"绘图"→"多段线"，指定起点，此时可以点击鼠标左键指定下一点，也可根据绘图需要和命令行提示，在命令栏输入相应的快捷命令，绘制圆弧，设置多段线宽度。

主要参数含义：

宽度：指定下一条直线段的宽度。

圆弧：将弧线段添加到多段线中。选择此参数，进入圆弧绘制状态。

多段线是个统一的整体，与直线 line 命令不同。

2. 多段线编辑

命令：pedit，快捷命令<pe>。

操作方法：执行多段线编辑命令后，在命令栏输入快捷命令<pe>，使用鼠标在绘图区点选点或框选对象，再根据提示输入需要执行的编辑命令(图3-8)。

```
命令: pe PEDIT 选择多段线或 [多条(M)]: m
选择对象: 找到 1 个
选择对象:
输入选项 [闭合(C)/打开(O)/合并(J)/宽度(W)/拟合(F)/样条曲线(S)/非曲线化(D)/线型生成(L)/反转(R)/放弃(U)]:
```

图 3-8   多段线命令

主要参数含义：

"是否将直线、圆弧和样条曲线转换为多段线?"如果选定对象是直线或圆弧，则 CAD 提示是否将其转换为多段线，该命令可使选中的对象转换为可编辑的单段二维多段线，并可进入下一步的多段线编辑操作。

闭合(c)：将多段线闭合。

打开(o)：将多段线打开。

合并(j)：合并多条多段线。

样条曲线(s)：转换为样条曲线。

3. 多边形

命令：polygon，快捷命令<pol>。

操作方法：执行菜单栏"绘制"→"多边形"，根据命令栏提示输入绘制的多边形边数，在绘图区鼠标点选多边形中心点，根据提示选择内接或外切于圆，再输入多边形半径(图 3-9)。

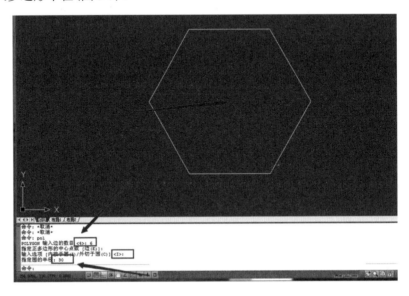

图 3-9   多边形命令

主要参数含义：

边：采用输入其中一条边的方式产生正多边形。

内接于圆：通过输入正多边形外接圆半径的方式绘制正多边形。

外切于圆：通过输入正多边形内切圆半径的方式绘制正多边形。

4．旋转

命令：rotate，快捷命令<ro>。

操作方法：执行菜单栏"修改"→"旋转"，在绘图区中选中需要旋转的对象，右键确认，再左键选择旋转的基点，并输入角度值，默认逆时针旋转(图3-10)。

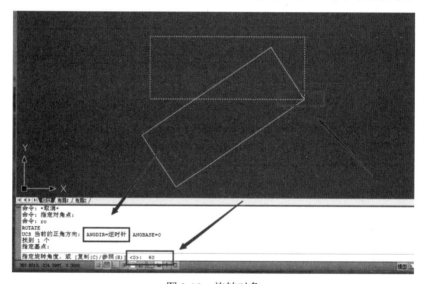

图 3-10　旋转对象

主要参数含义：

指定基点：指定对象旋转的中心点。

指定参考角：如果采用参照方式，可指定旋转的起始角度。

指定新角度：指定旋转的目标角度。

5．修剪

命令：trim，快捷命令<tr>。

操作方法：执行菜单栏"修改"→"修剪"，在命令栏输入快捷命令<tr>，首先左键选择剪切边界线，右键确认，左键选择需要剪切掉的对象；或者在执行修剪命令后，空格键或回车键保持默认"全部选择"，这时鼠标变成一个小方块，选择需要裁剪掉的线段(图3-11)。

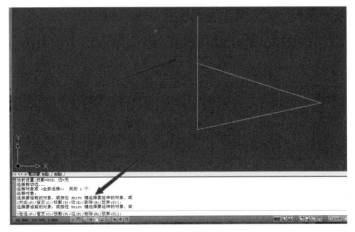

图 3-11　剪切命令

主要参数含义：

选择对象：选择作为剪切边界的图像。

选择要剪切的对象：选择欲剪切的对象。

6. 多线命令

命令：mline，快捷命令<ml>。

相关设置：

(1)绘制多线之前需要对多线的样式进行设置，执行"多段线样式设置"，在命令栏输入快捷命令<mlstyle>，双击空格键确认执行。

(2)在"多线样式"对话框中点击"新建"，输入新建多线样式的名称(图3-12)。

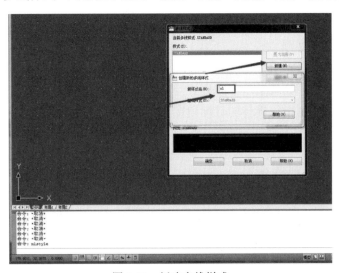

图 3-12　新建多线样式

（3）在"新建多线样式"对话框中，单击"添加"按钮可为多线添加新的元素，单击"删除"按钮也可以删除多线中的元素（图3-13）。

图 3-13　添加和删除多线元素

（4）在"偏移"对话框中可设置选中元素的偏移距离，在"颜色"下拉列表框中可以为选中元素设置颜色；单击"线型"按钮，弹出"选择线型"对话框，可加载新的线型设置或元素线型（图3-14）。

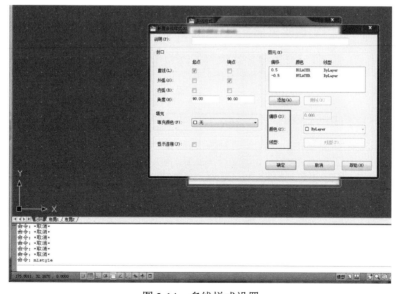

图 3-14　多线样式设置

（5）在"填充样式"下拉列表框中可设置多线填充的颜色，设置完成后单击"确定"按钮，返回"多线样式"对话框。设置即完成。

操作方法： 在命令栏输入快捷命令<ml>，回车确认执行后在命令栏输入快捷命令<st>，输入多线样式名称确定所需多线样式，最后在绘图区绘制多线（图3-15）。

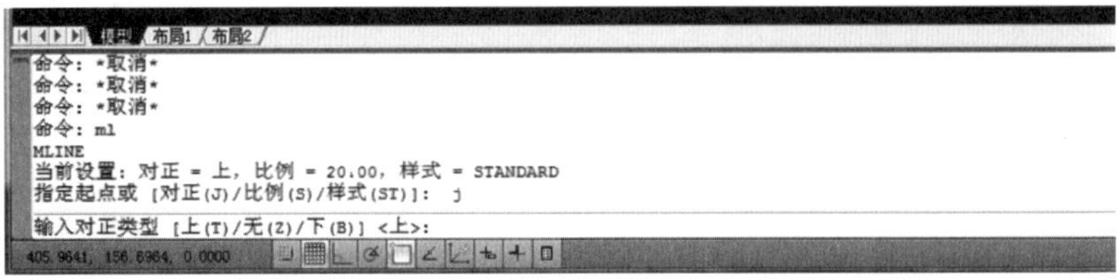

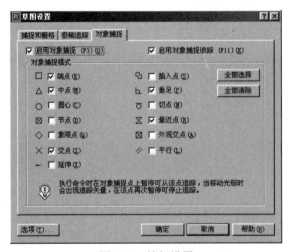

图3-15　多线参数设置

主要参数含义：

对正：设置多线的基准对正位置。

上：在光标下方绘制多线，因此在指定点处将会出现具有最大正偏移值的直线。

无：光标在中间绘制多线。

下：在光标上方绘制多线，因此在指定点处将会出现具有最大负偏移值的直线。

比例：在命令栏输入快捷命令<s>，设定多线的比例，默认为1。

样式：在命令栏输入快捷命令<st>，设定需要绘制的多线样式，可输入新建的多线样式名称。

7. 设置捕捉的开启

操作方法： 执行菜单栏"工具"→"草图设置"，在"草图设置"对话框中的"对象捕捉"栏，勾选对象捕捉模式（图3-16）。

图3-16　捕捉设置

第四章 水 体 绘 制

4.1 操 作 步 骤

1. 新建水体图层

新建一个名为"水体"的图层,设置图层颜色为蓝色,并将其设置为当前图层。

2. 绘制水池和水渠

(1)执行"样条曲线"命令,在命令栏输入快捷命令<spl>,与"多段线"工具配合使用,在影像图中找到水池的位置,临摹绘制水池边界(图4-1)。

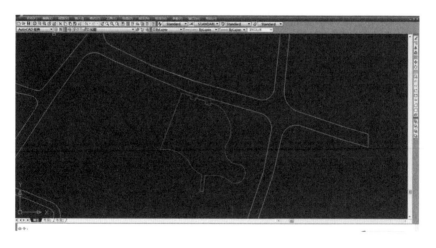

图 4-1 水池绘制

(2)执行"多线段编辑"命令,命令栏输入快捷命令<pe>。在命令栏中根据命令输入选项:输入<m>,框选构成水池边界的多条多段线和样条曲线;输入<j>,使水池边界合并(图4-2)。

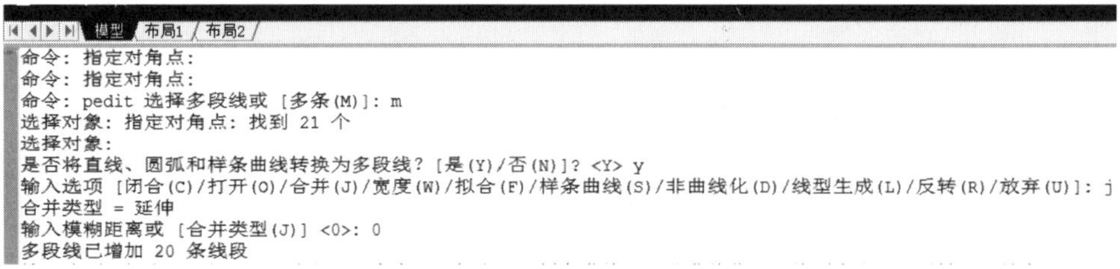

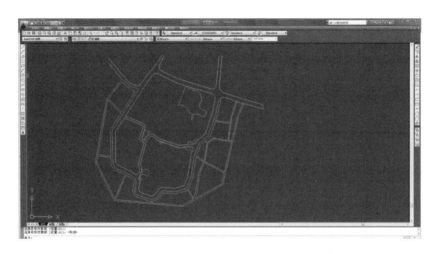

```
命令: 指定对角点:
命令: 指定对角点:
命令: pedit 选择多段线或 [多条(M)]: m
选择对象: 指定对角点: 找到 21 个
选择对象:
是否将直线、圆弧和样条曲线转换为多段线? [是(Y)/否(N)]? <Y> y
输入选项 [闭合(C)/打开(O)/合并(J)/宽度(W)/拟合(F)/样条曲线(S)/非曲线化(D)/线型生成(L)/反转(R)/放弃(U)]: j
合并类型 = 延伸
输入模糊距离或 [合并类型(J)] <0>: 0
多段线已增加 20 条线段
```

图 4-2　水池边界合并

（3）执行"多段线"命令，在命令栏输入快捷命令<pl>。根据影像图中的水渠位置，临摹绘制水渠，最终完成水体图层（图 4-3）。

图 4-3　水体图层示例

4.2　基　本　命　令

1. 样条曲线

命令：spline，快捷命令<spl>。

操作方法：执行菜单栏"绘图"→"样条曲线"，在命令栏输入快捷命令<spl>，鼠标左键连续点击确定曲线的控制点位置，通过控制点绘制所需样条曲线形状。

主要参数含义：

起点切向：定义起点处的切线方向。

端点切向：定义终点处的切线方向。

2. 弧命令

命令：arc，快捷命令<a>。

操作方法：执行菜单栏"绘图"→"圆弧"；根据命令行提示信息，在绘图界面中用鼠标指定弧的起点、弧上的点和端点，用三点确定弧线(图4-4)。

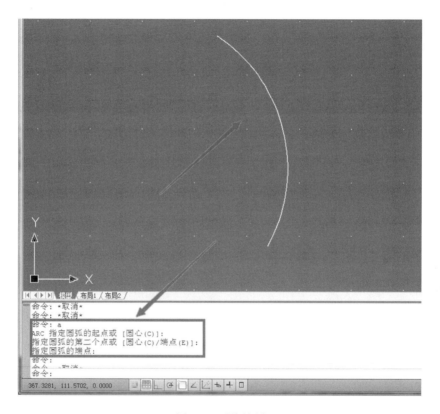

图4-4 弧线绘制

主要参数含义：
圆心：圆弧的圆心。

第五章 植 被 绘 制

5.1 操 作 步 骤

1. 新建植被图层

新建一个名为"植被"的图层，设置图层颜色为深绿色，用于绘制乔木、灌木和各类草本植物。新建一个名为"农田"的图层，设置图层颜色为浅绿色，用于绘制农田区域。

2. 绘制农田

在图层对话框中选择"农田"图层为当前图层，执行"多段线"命令，在命令栏输入快捷命令<pl>。根据影像图绘制农田(图 5-1)。

图 5-1　农田绘制示例

3. 绘制灌木

在图层对话框中将"植被"图层设置为当前图层，执行"云线"命令，在命令栏输入<REVCLOUD>命令，或左键点选工具栏中的云线图标(图 5-2)，根据命令提示，可根据需要设置云线的弧长和样式，依据影像图植被分布，绘制灌木类植被。

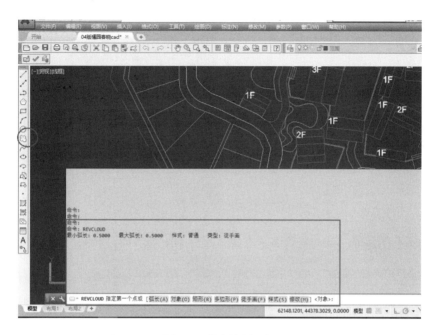

图 5-2　灌木绘制示例

4. 绘制乔木

在植物素材库中选择相应的乔木素材，定义成块。操作方法：执行"块定义"命令，在命令栏输入快捷命令<b>，在"块定义"对话框中输入块的名称，左键点选"选择对象"复选框，选择要定义成块的乔木素材，勾选"在屏幕上指定"复选框，点选"拾取点"栏，在绘图区域中选择乔木素材的中心点为基点。

执行"定距等分"命令，在命令栏输入快捷命令<me>，根据命令栏提示执行相关选项：在"选择要定距等分的对象"提示中，在绘图区选择相应的道路边缘线；输入<b>，在命令栏输入要插入块的名称（上述乔木素材的名称本案例中为"tree"）；输入<y>对齐对象；输入"指定线段长度"作为行道树距离，本案例为 2500mm（图 5-3）。

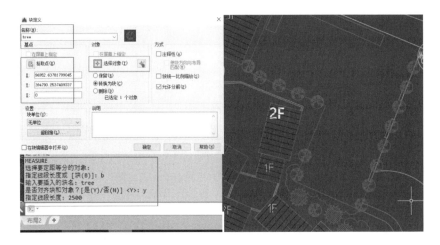

图 5-3   定距等分

根据上述绘制方法和植物配置方法，完成整个林盘的植被绘制（图 5-4）。

图 5-4   植物配置示例

5.2   基 本 命 令

1. 修订云线

命令： REVCLOUD。

操作方法： 执行菜单栏"绘图"→"修订云线"。

(1)在绘图区左键确定一个起点，移动鼠标直接绘制（图 5-5）。

(2)在命令栏输入快捷命令<o>，选择对象，将已绘制直线转变为云线。

(3)在命令栏输入快捷命令<s>，可选择普通或手绘效果(图5-6)。

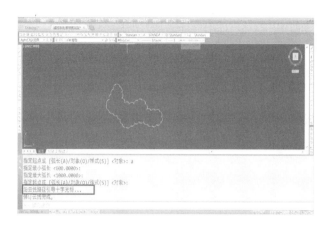

图5-5 云线绘制方法

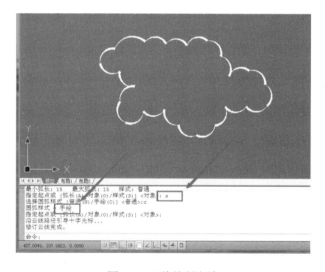

图5-6 云线绘制方法

主要参数含义：

弧长：定义云线的弧长。

对象：选择已绘制好的云线，确定是否反转。

样式：可选择普通或手绘效果。

2. 块定义

"块"是由一个或几个图形共同构成的图形集合，如果绘图过程中需要大量重复使用某个相同的图形，可使用"块"功能，从而提高绘图效率。

命令：block，快捷命令<b>。

操作方法：执行菜单栏"绘图"→"块"→"创建"；创建块命令后，弹出"块定义"对话框。在该对话框中，可以对块的名称、基点、组成块的图形参数进行设定(图5-7)。

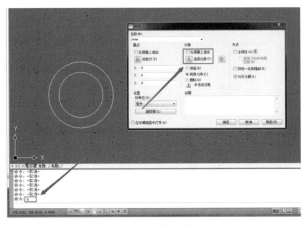

图5-7　块定义

3. 写块

命令：wblock，快捷命令<wb>。

操作方法：命令行中输入写块命令，出现"写块"对话框，对块的名称、基点、组成块的图形参数进行设定后，选择保存路径，将块保存到磁盘中(图5-8)。写块命令可以将块作为dwg格式文件保存到磁盘中，需要使用时随时能够调用。

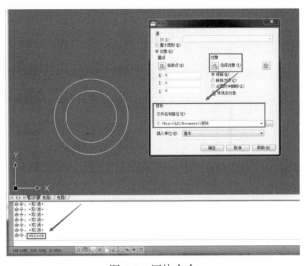

图5-8　写块命令

4. 分解

命令：explode，快捷命令<x>。

操作方法：若将一个整体图形分解，可使用该工具。执行菜单栏"修改"→"分解"；框选对象，右键或回车键确认，将图形分解(图5-9)。

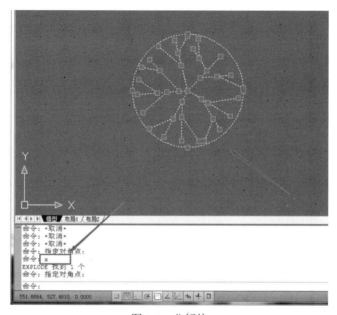

图5-9　分解块

5. 定距等分

命令：measure，快捷命令<me>。

操作方法：　为让定距等分点的显示更易识别，可先对点的样式进行设置。执行"格式"→"点样式"，可在"点样式"对话框中选择合适的点样式，确认后关闭"点样式"对话框。在命令栏输入快捷命令<me>，回车键确认，左键在绘图区选择需要定距等分的对象，在命令行输入定距等分的距离，回车键确认(图 5-10，图 5-11)。

主要参数含义：

块(b)：该命令可将块按定距等分的距离插到定距等分的对象中，该方法可用于行道树的绘制。

图 5-10　定距等分

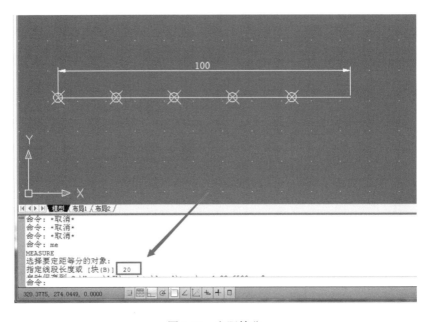

图 5-11　定距等分

第六章 广 场 绘 制

6.1 操 作 步 骤

1. 新建广场图层

新建一个名为"广场"的图层，图层颜色为橙色，并将其设置为当前图层。

2. 绘制广场

(1)执行"多段线"命令，根据影像图绘制广场边界。

(2)执行"角度标注"命令，在命令栏输入快捷命令<dan>，确定填充铺装铺设的角度(图 6-1)。

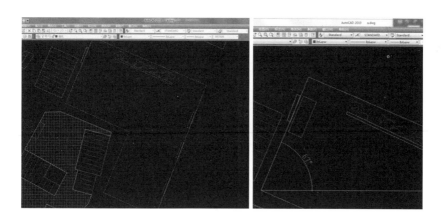

图 6-1 广场和铺装铺设角度

3. 填充铺装

(1)新建一个名为"填充"的图层，图层颜色为黑色，并将其设置为当前图层。

(2)执行"填充"命令，在命令栏输入快捷命令<h>，在"图案"中选择填充样式；在"角度"和"比例"中设置填充图样的角度和比例；选择"添加：拾取点"在绘图区点击填充范围内的任意一点，或点选"添加：选择对象"在绘图区选择填充范围的边界线，完成填充(图 6-2)。依次对广场、庭院和巷道进行填充(图 6-3)。

图 6-2　填充铺装

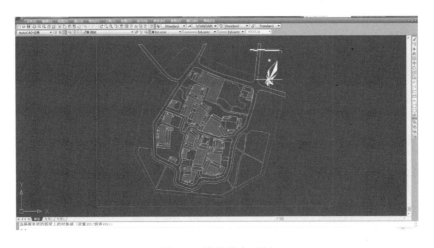

图 6-3　铺装填充示例

6.2　基　本　命　令

　　命令： hatch，快捷命令<h>。

　　操作方法： 执行"绘图"→"图案填充"命令，在命令栏输入快捷命令<h>，在"图案填充和渐变色"对话框中的"类型和图案"栏中，选择所需填充的图案

（图 6-4），并调整填充角度和比例（图 6-5）。

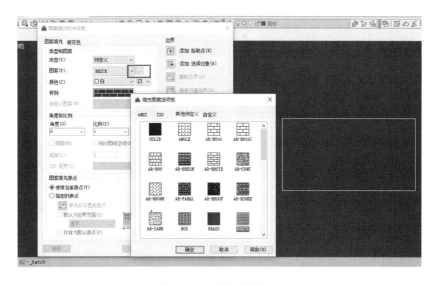

图 6-4　选择填充图案

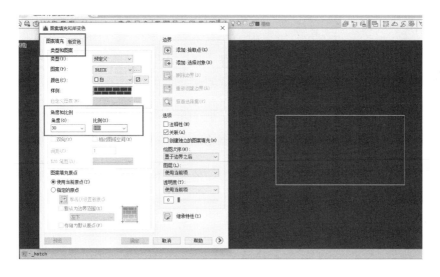

图 6-5　选择填充角度和比例

拾取内部点：使用图形边框选择边界。通过拾取点的方式来自动产生一条围绕该拾取点的边界。此项要求拾取点的周围无缺口，否则将不能产生正确的边界。

选择对象：使用对象选择边界。通过选择对象的方式选择一条围合的填充边界。如果对象有缺口，则缺口部分填充的图案会出现线段丢失。

图形元素复杂较多的情况建议使用对象选择，准确无误。

主要参数含义：

类型：选用填充图案类型。包括"预定义""用户定义""自定义"三大类。

图案：显示当前选用图案的名称，点此栏则列出可用的图案名称列表，可以通过名称选择填充图案。

样例：显示选择的图案样例，点取图案样例，会弹出"填充图案选项板"对话框，可在此选择图案样例。

角度：设置角度值（逆时针角度），可改变填充图案的角度（图6-6）。

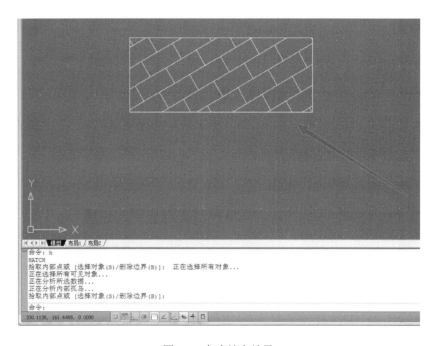

图 6-6　角度填充效果

第七章 字体和注释

7.1 操 作 步 骤

1. 新建字体图层

新建一个名为"字体"的图层，并将其设置为当前图层。

2. 插入字体

执行"多行文字"命令，在命令栏输入快捷命令<t>，在绘图区中框选需要输入字体的区域，在选择区域内输入字体(图 7-1)。

图 7-1　插入字体

3. 注释其他要素

在所有绘制的建筑物上用字体标注楼层数，根据绘图说明需要，可标注道路名称、建筑名称、出入口、指北针、比例尺等其他要素(图 7-2)。

图 7-2　完成绘制样式

7.2　基　本　命　令

1.　文字样式

命令：style，快捷命令<st>。

操作方法：执行菜单栏"注释"→"文字样式"，点击"新建"选择新建一个字体样式并命令，在新的字体样式中设置需要的字体、宽度、高度、倾斜度等参数和效果，点击应用（图 7-3）。

图 7-3　文字样式

2.　多行文字

命令：mtext，快捷命令<t>。

操作方法：在命令栏输入快捷命令<t>，在绘图区单击一点确定多行文字的左上角，然后向右下角拖动，确定多行文字的范围。确定文字输入范围后，可输入文字，在"文字格式"对话框中可以选择字体样式、大小、颜色等参数。

3.　单行文字

命令：dtext，快捷命令<dt>。

操作方式：执行菜单栏"文字"→"单行文字"，在命令栏输入快捷命令<dt>，根据命令提示窗口输入文字的起点和高度，随即输入文字，输入完毕回车键确认。

第二篇　Photoshop 后期处理

第八章 图件导入

8.1 生成 EPS 文件

  EPS（encapsulated post script）是用 PostScript 语言描述的一种 ASCII 图形文件格式，可以描述矢量信息和位图信息，是一种跨平台的标准格式，几乎所有的平面设计软件（Photoshop，Illustrator，CorelDRAW，Freehand 等）都能够兼容打开。它还能保存诸如多色调曲线、Alpha 通道、分色、剪辑路径、挂网信息、色调曲线等信息，因此，EPS 格式也常用于印刷或打印输出。

  使用 Photoshop 进行图像处理时，需要将 AutoCAD 绘制的图形转换成 EPS 文件，基本操作如下。

1. 创建虚拟打印机/绘图仪

  （1）在 AutoCAD 中点击打开菜单栏中的"文件"，选择"绘图仪管理器"，双击打开"添加绘图仪向导"（图 8-1）。

图 8-1　添加绘图仪

  （2）依据弹出的"添加绘图仪向导-开始"对话框中点击"下一步"，在"绘图仪型号"对话框的"生产商"栏选择"Adobe"，在"型号"栏中选择"PostScript Level 2"（图 8-2）。

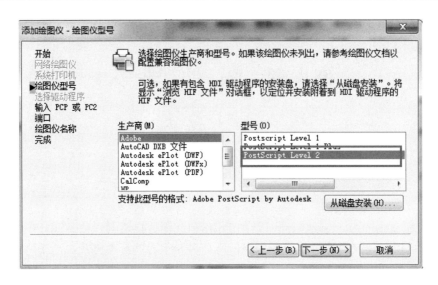

图 8-2　绘图仪型号

(3) 保持默认选项，点击"下一步"，在"绘图仪名称"中可以为新建的绘图仪命名(图 8-3)。继续"下一步"，直至完成。

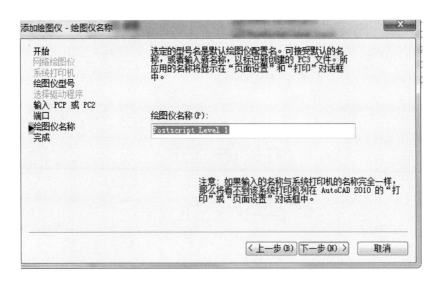

图 8-3　绘图仪名称

2. 设置打印图框

(1) AutoCAD 中新建一个名为"不打印"的图层，图层颜色自定，将其设置为当前图层，并关闭该图层的打印项(图 8-4)。

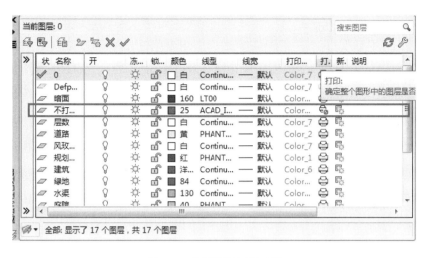

图 8-4 关闭图层打印功能

(2) 本案例中总平面图的打印比例宜设置为 1 : 500，图纸尺寸为 A2(594mm×420mm)。根据图纸尺寸和打印比例，计算打印图框大小：

图框大小 = 图纸长宽尺寸×打印比例

(297000，21000) = (594，420) × 500

(3) 执行"矩形"命令，在命令栏输入快捷命令<r>，绘制 297000mm× 210000mm 大小的矩形图框，框中整个林盘总平面图(图 8-5)。

图 8-5 打印图框

3. 输出建筑图层 EPS 文件

(1) 在 AutoCAD 命令栏输入快捷键命令<layiso>，执行"孤立图层"命令，根据命令行提示，依次输入 S→O→O（图 8-6），并在绘图界面中点选"建筑"图层中的任一建筑物。

图 8-6　孤立图层

(2) 选中建筑图层，按下快捷键<Ctrl+1>，执行"查看性质"命令，检查建筑图层是否完整、线条是否闭合（图 8-7）。

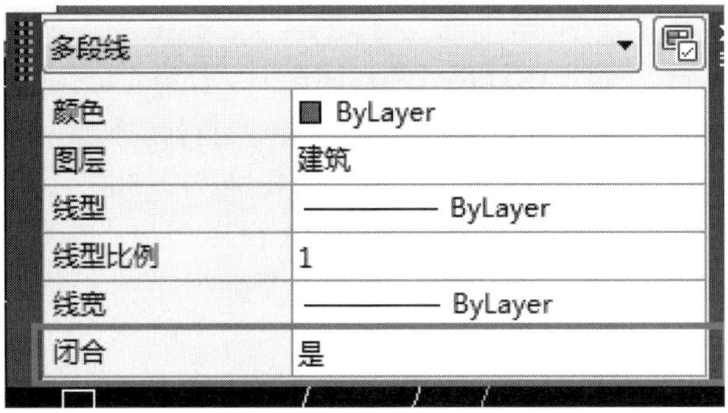

多段线	▼
颜色	■ ByLayer
图层	建筑
线型	—— ByLayer
线型比例	1
线宽	—— ByLayer
闭合	是

图 8-7　查看性质

(3) 执行"打印"命令，按下快捷键<Ctrl+P>，在"打印-模型"对话框中，设置"打印机/绘图仪"为 PostScript Level 2.pc3，"图纸尺寸"为 ISO A2，"打印比例"栏中取消"布满图纸"，输入比例 1∶500。

(4) 在"打印样式编辑器"对话框中的"打印样式"栏中，选中"颜色 6"洋红，在"特性"栏中的 "颜色"选项选择"黑色"，"淡显"选项输入"100"，"线宽"选项设置为 0.05mm，其余栏目保持默认选择，保存并关闭（图 8-8）。

(5) 回到"打印-模型"对话框，在"打印范围"中选择"窗口"，并在绘图区选择上述步骤中绘制的 297000mm×210000mm 打印图框。

(6) 应用到布局，执行打印命令，将文件存储在自设文件夹中，命名为"建筑"。

图 8-8 设置打印样式

6. 输出其他图层 EPS 文件

(1)执行"打开所有图层"命令，在命令栏输入快捷命令<layon>。

(2)执行"孤立图层"命令，在命令栏输入快捷命令<layiso>，根据命令行提示，依次输入 S→O→O，并在绘图界面中点选"暗面"图层中的任意一点，检查图层的完整性和闭合性。

(3)执行"打印"命令，按下快捷键<Ctrl+P>，在"打印-模型"对话框中的"页面设置"栏中选择"上一次打印"(图 8-9)。点击确定并完成"暗面"图层的打印。

图 8-9 打印设置

(4)按同样步骤依次打印道路、建筑、围墙、水体、绿地、庭院等图层，并将打印生成的 EPS 文件保存在同一文件夹中(图 8-10)。

图 8-10 保存文件

8.2 EPS 文件导入

(1)打开 Adobe Photoshop，点击菜单栏"文件"，选择"新建"，按下快捷键 <Ctrl+N>，新建一个图幅为 A2 的图纸，单位是厘米，"背景内容"为白色(图 8-11)。

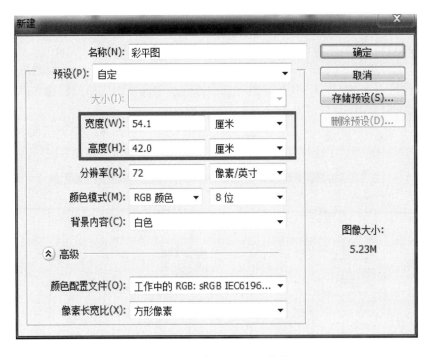

图 8-11 新建 Photoshop 文件

（2）点击菜单栏"文件"，选择"置入"，在"置入"对话框中找到存储不同图层 EPS 文件的目录，将所有图层的 EPS 文件依次置入 Photoshop（图 8-12）。

图 8-12　导入 EPS 文件

（3）右键单击导入 Photoshop 中的各景观要素图层，选择"栅格化图层"，执行"栅格化"命令，栅格化各要素图层（图 8-13）。

图 8-13　EPS 文件栅格化

第九章 图层填色

9.1 建筑图层

1. 创建图层组

　　左键单击"图层管理面板"下方的"创建新组"图标，执行"创建新组"命令，新建一个组并命名为"建筑"，将图层"建筑""暗面""围墙"和"屋顶填充"拖入该图层组(图 9-1)。

图 9-1　创建新组

2. 关闭其他图层

为便于操作，当前操作可仅显示"建筑"图层。单击"图层管理面板"上的"关闭图层"图标，关闭除了建筑之外的其他图层。

3. 填充颜色

（1）单击工具栏最下方的"拾色器"图标，执行"吸管"工具命令，在命令栏输入快捷命令<i>，选择需要填充的颜色（本案例中选择浅灰色，图9-2）。

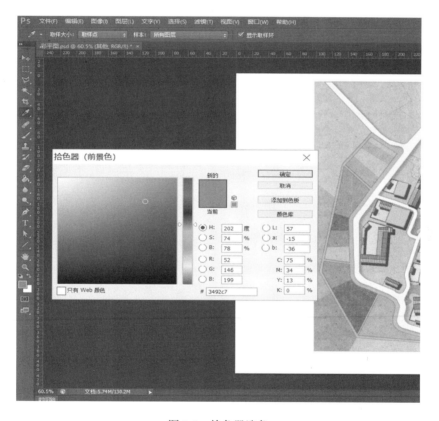

图9-2 拾色器选色

（2）右键单击建筑图层，选择复制图层，执行"复制图层"命令，按下快捷键<Ctrl+J>，复制的图层命名为"建筑 副本"。

（3）在"建筑 副本"图层中进行后续操作可保留原图层，避免错误操作对原图层的损坏。选中"建筑 副本"图层，执行"魔棒"命令，勾选"连续"（图 9-3），在命令栏输入快捷命令<w>。魔棒工具选项解释如图9-4所示。

图 9-3　魔棒工具

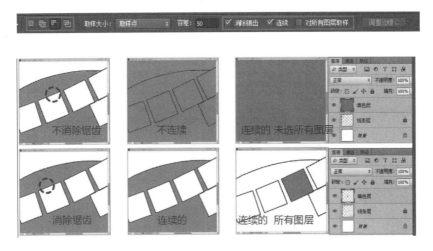

图 9-4　魔棒工具选项

(4)执行"反选"命令(图 9-5),按下快捷键<Ctrl+Shift+I>,单击建筑线框外部任意点,右键选择"选择反向"。

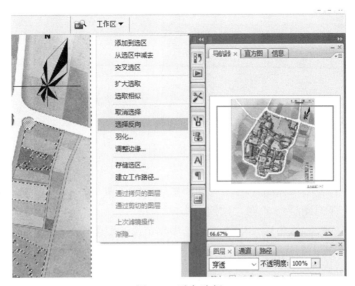

图 9-5　反向选择

（5）执行"填充"命令，按下快捷键<Alt+Delete>/<Shift+F5>，在"填充"对话框的"内容"栏选择使用"前景色"（图9-6）。

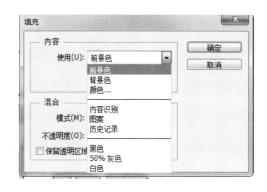

图9-6 填充设置

4. 设置建筑阴影

方法一：右键选择"建筑 副本"图层，选择"混合选项"，在"图层样式"对话框中勾选"阴影"并根据需要调节角度、距离、大小等相关参数值（图9-7）。

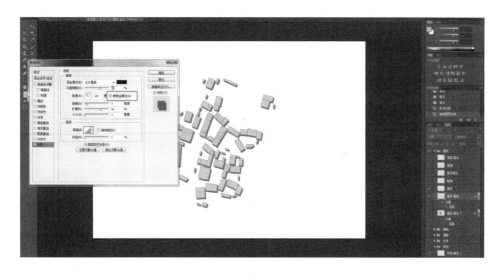

图9-7 设置阴影

方法二：执行"填充"命令，按下快捷键<Ctrl+J>，复制"建筑 副本"图层，并置于"建筑 副本"图层下方。按下快捷键<Alt+Delete>/<Shift+F5>选择填充样式，填充为深灰色，移动图层位置呈现阴影效果。

5. 暗面图层的填充

(1)单击工具栏"拾色器"图标，执行"吸管"工具命令，在命令栏输入快捷命令<i>，选择一个比建筑层颜色深的颜色，例如深灰色。

(2)在"暗面"图层中执行"魔棒"工具命令，在命令栏输入快捷命令<w>，单击线框外部的任意点。

(3)执行"反选"命令，按下快捷键<Ctrl+Shift+I>，进行反向选择。

(4)执行"填充"命令，按下快捷键<Alt+Delete>/<Shift+F5>，进行颜色填充。

6. 围墙图层填充

类似上述操作步骤，进行围墙图层的填充。

7. 调整图层顺序

根据图层叠加效果，合理调整建筑、阴影、暗面、围墙等图层的放置顺序（图9-8）。

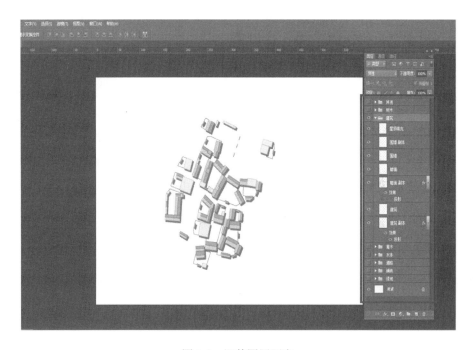

图9-8 调整图层顺序

9.2　铺　装　图　层

1.　创建图层组

左键单击图层管理下方"创建新组"图标，执行"创建新组"命令，新建一个组并命名为"铺地"，将"庭院"和"小路"图层拖入该图层组。

2.　填充广场

（1）从素材库中选择适合广场的铺装材质图片，插入 PS 中，并将其命名为"广场"图层，放置于铺地图层组中。使用"图片旋转"命令，按下快捷键<Ctrl+T>，将广场铺装调整至适合的角度。

（2）在"庭院"图层中，执行"魔棒"工具命令，在命令栏输入快捷命令<w>，单击广场铺装内部（图 9-9）。

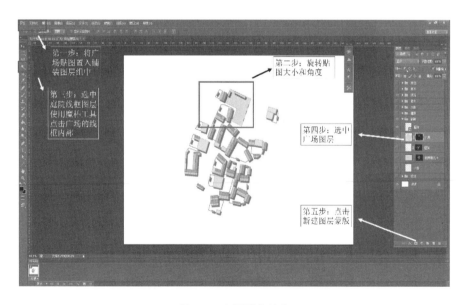

图 9-9　广场铺装填色

（3）选中"广场"图层，单击图层管理面板下方"图层蒙版"图标，执行"创建图层蒙版"命令；执行"魔棒"工具命令，在命令栏输入快捷命令<w>，点击图层内任意一点；选中广场图层的蒙版，执行"填充"命令，按下快捷键<Alt+Delete>/<Shift+F5>，进行颜色填充，使蒙版中的广场为白色，周边为黑色。

3．填充庭院图层

(1)选择"庭院"图层，执行"魔棒"工具命令，右键单击工具栏中的魔棒，选择为"魔棒"工具，在命令栏输入快捷命令<w>，勾选"连续"，点击图层外任意点。

(2)执行"反选"命令，按下快捷键<Ctrl+Shift+I>。

(3)执行"填充"命令，按下快捷键<Shift+F5>，选择相应的填充图案(图9-10)。

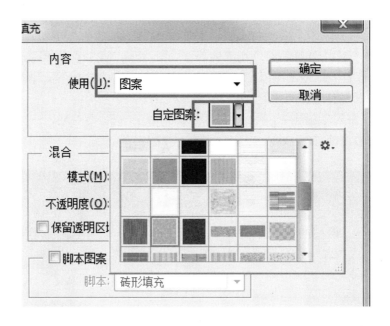

图 9-10　填充设置

4．填充小路图层

类似上述操作步骤，进行小路图层的填充。在"小路"图层中，执行"魔棒"命令，在命令栏输入快捷命令<w>，勾选"连续"，单击线框外部的任意点，执行"反选"命令，按下快捷键<Ctrl+Shift+I>；执行"填充"命令，按下快捷键<Shift+F5>，选择合适的填充图案。

Photoshop 可添加任一图片作为系统内的填充图案，可使用"定义图案"命令实现。方法如下：从互联网等其他共享素材库中找到一张合适的素材(图9-11)，复制到计算机硬盘中，使用 Photoshop 打开图片，单击菜单栏中"编辑"，选择"定义图案"，在"图案名称"对话框中输入图案名称，点击确定并保存(图9-12)，可实现素材的添加。

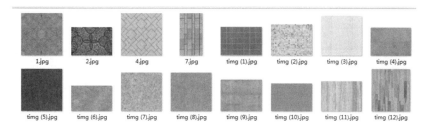

图 9-11　素材

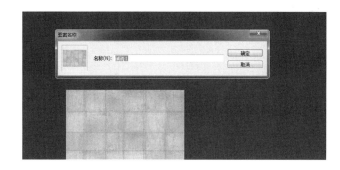

图 9-12　添加素材

9.3　绿 地 图 层

1. 创建图层组

执行"创建新组"命令，新建一个组并命名为"绿地"，将图层"绿地"拖入新图层组。

2. 填充基本颜色

(1)从素材库中选择适合作为绿地材质的图片，插入 Photoshop 中，并将其命名为"绿地 1"图层，放置于绿地图层组中。

(2)在"绿地"图层中，执行"魔棒"工具命令，在命令栏输入快捷命令<w>，单击线框外部任意点。

(3)执行"反选"命令，按下快捷键<Ctrl+Shift+I>，进行反向选择。

(4)执行"创建图层蒙版"命令，执行"魔棒"工具命令，在命令栏输入快捷命令<w>，点击"绿地 1"图层内任意一点；选中"绿地 1"图层的蒙版，执行"填充"命令，按下快捷键<Alt+Delete>/<Shift+F5>，进行颜色填充，使蒙版中的绿地为白色，周边为黑色(图9-13)。

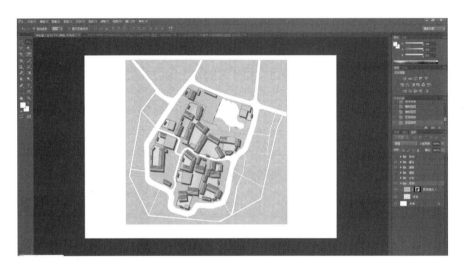

图9-13　创建蒙版

3. 丰富色彩层次

(1)在"绿地"图层中，执行"魔棒"工具命令，在命令栏输入快捷命令<w>，选中间隔的线框，执行"复制图层"命令，按下快捷键<Ctrl+C>，生成新图层"绿地副本2"。

(2)右键单击"绿地 副本 2"图层，选择"混合选项"，在"图层样式"对话框的"图案叠加"中选择适合的图案，选择混合模式，设置不透明度和缩放比例(图9-14)，在"颜色叠加"中设置颜色叠加效果(图9-15)，完成绿地填充效果(图9-16)。

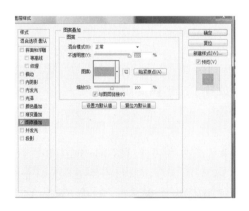

图9-14　图案叠加

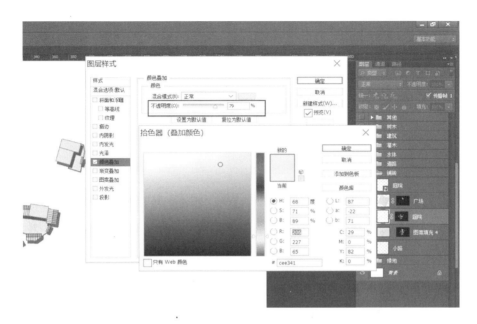

图 9-15 颜色叠加

图 9-16 绿地填充效果

9.4　水　体　图　层

1.　创建图层组

执行"创建新组"命令，新建一个图层组，并命名为"水体"，将"水体"图层拖入新图层组中。

2.　填充颜色

同上述方法，在"水体"图层中，在命令栏输入快捷命令<w>，执行"魔棒"命令，输入快捷命令<w>，单击线框外部的任意点；执行"反选"命令，按下快捷键<Ctrl+Shift+I>，执行"填充"命令，按下快捷键<Shift+F5>，在"填充"对话框的"内容"栏选择合适水体的填充图案。

3.　水体阴影

(1)单击"图层管理面板"下方"新建空白图层"图标，执行"新建空白图层"命令，命名为"水体内阴影"，将其放置在"水体"图层上面。

(2)执行"图层嵌入"命令，按住 Alt 键，将鼠标移动到图层管理面板中"水体"图层和"水体内阴影"图层中间的横线上，当出现箭头形状时，点击鼠标左键。

(3)执行"画笔"命令，在命令栏输入快捷命令<b>，选择合适的画笔，调整像素、透明度、流量等参数值(图 9-17)，在"水体内阴影"图层中，用笔刷勾勒水体形成的内阴影(图 9-18)。

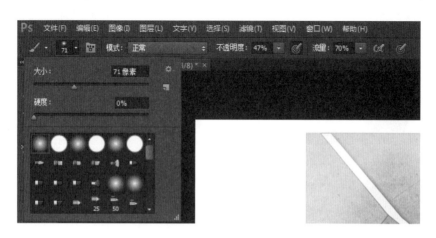

图 9-17　设置画笔工具

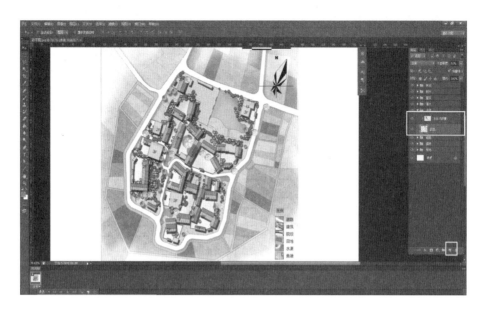

图 9-18 水体阴影

9.5 道 路 图 层

1. 创建图层组

执行命令"创建新组"，新建一个图层组并命名为"道路"，将"道路"图层拖入新图层组。

2. 填充颜色

同上述方法，在"道路"的图层中执行"魔棒"工具命令，在命令栏输入快捷命令<w>，勾选"连续"，单击线框外部的任意点；执行"反选"命令；按下快捷键<Ctrl+Shift+I>，执行"填充"命令，按下快捷键<Shift+F5>；在"填充"对话框中选择填充浅灰色。

右键选择"道路"图层，选择"混合选项"，在"图层样式"对话框中勾选"阴影"并根据需要调节角度、距离、大小等相关参数值(图 9-19)。

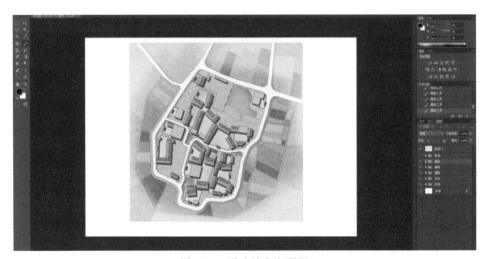

图 9-19　道路填充和阴影

第十章　植　被　处　理

10.1　定义画笔图案

1. 选择素材

（1）在互联网或共享素材库中选定一种乔木素材图片（JPG 格式），如图 10-1。使用 PS 中打开乔木素材图片，执行"复制"命令，按下快捷键<Ctrl+J>，复制乔木图层。

（2）执行"图片属性"命令，按下快捷键<Ctrl+Alt+Shift+B>，在弹出的"黑白"对话框中保持默认值，点击确定，将彩色乔木图片转为黑白图片（图 10-2）。

（3）执行"色阶属性"命令，按下快捷键<Ctrl+L>，在弹出的"色阶"对话框中调节色阶参数，乔木变为纯黑色（图 10-3）。

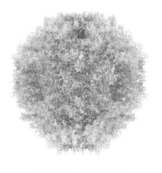

图 10-1　乔木素材

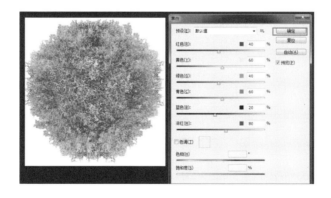

图 10-2　去除彩色

图 10-3　调为黑色

2. 保存为透明素材

回到 Photoshop 绘图界面，在菜单栏的"选择"→"色彩范围"弹出的"色彩范围"对话框中执行"吸管"工具命令，在命令栏输入快捷命令<i>，点选图中的白色部分，删除乔木图层中的白色部分(图 10-4)，得到了一张保留透明信息的乔木素材。

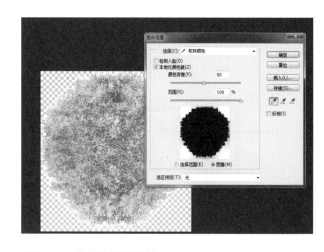

图 10-4　保存为透明素材

3. 画笔预设

选定乔木素材，在菜单栏中选择"编辑"→"定义画笔预设"，将乔木素材定义为画笔，命名为"树"(图 10-5)。

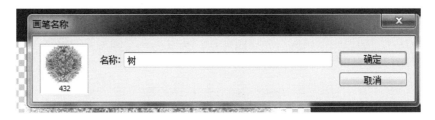

图 10-5　定义画笔

10.2　画笔工具绘制

1. 画笔工具

打开林盘总平面图，执行"画笔"工具，在命令栏输入快捷命令<b>，在画笔面板中，选择上一步骤定义的"树"，调整"主直径"到合适大小（图 10-6）。

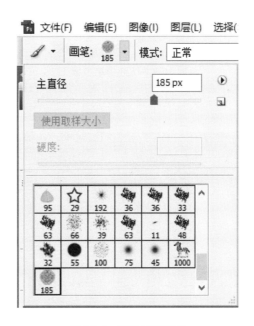

图 10-6　选择画笔工具

2. 选择颜色

使用工具栏中的"吸管"工具设置前景色为绿色。

3. 调整参数

(1)打开"切换画笔调板"选项面板(图 10-7),在"画笔笔尖形状"选项中,调整画笔的大小及间距,使树棵棵分明(图 10-8)。

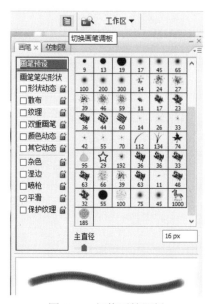

图 10-7 切换画笔调板

(2)在"形状动态"选项中,设置一定大小的抖动,使乔木出现大小变化(图 10-8)。

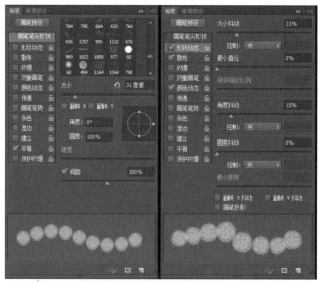

图 10-8 调整画笔参数

4. 丰富植物形态

(1)在"散布"选项栏设置一定数量的散布值，使乔木错开(图10-9)。

(2)在"颜色动态"选项栏设置一定的饱和度抖动和亮度抖动，使乔木颜色富有变化。

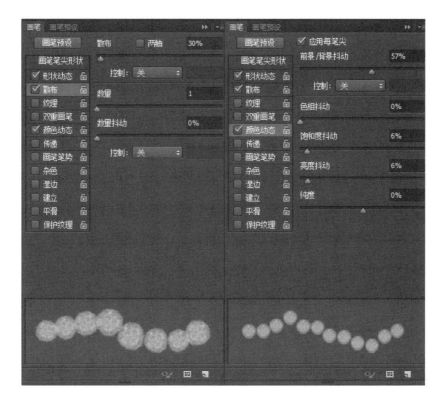

图10-9　画笔预设

(3)新建一个名为"行道树"的图层，开始绘制行道树。点击行道树的起始位置，按住 Shift 键，再点击行道树的结束位置，完成道路行道树绘制，该方法适用于笔直道路。

5. 增加阴影

右键选择"行道树"图层，选择"混合选项"，在弹出的"图形样式"对话框中，选择"阴影"栏并设置相关参数，为行道树增加阴影效果。

10.3 图案工具绘制

此方法适合于弯曲道路的行道树绘制。

（1）选中乔木素材图层，执行菜单栏中"编辑"→"定义图案"命令，将上述乔木素材定义为图案，命名为"树"（图10-10）。

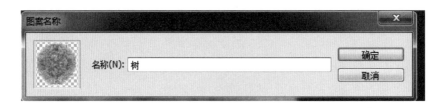

图 10-10 定义为图案

（2）在命令栏输入快捷命令<p>，用"钢笔"工具沿道路中线绘制路径（图10-11）。

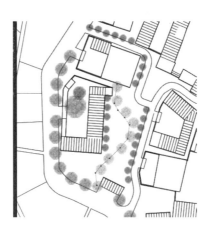

图 10-11 钢笔工具绘制路径

（3）新建一个图层，执行"填充"命令，在菜单栏中选择"编辑"→"填充"；按下快捷键<Shift+F5>，在弹出的"填充"对话框中"内容"栏选择"图案"，并在自定图案中选择已定义好的乔木素材图案，在"脚本"栏选择"沿路径置入"，在弹出的"沿路径置入"对话框中点确定完成（图10-12）。

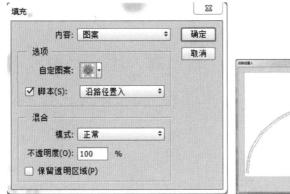
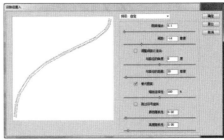

图 10-12　沿路径置入植物

（4）右键选择乔木素材图层，选择"混合选项"，在弹出的"图形样式"对话框中，选择"阴影"栏并设置相关参数，为行道树增加阴影效果。

第十一章 文 件 导 出

11.1 色彩与饱和度

执行"色相/饱和度"命令，按下快捷键<Ctrl+U>，在弹出的对话框中根据需要设置相关参数(图 11-1)。

图 11-1 色相/饱和度

11.2 亮度与对比度

执行菜单栏中的"图像"→"调整"→"亮度/对比度"，在弹出的对话框中根据需要设置相关参数(图 11-2)。

图 11-2　亮度/对比度

11.3　图 像 尺 寸

(1)执行"裁剪"命令，在菜单栏中选择"图像"→"裁剪"，在命令栏输入快捷命令<c>，根据需要将总平图裁剪为适合的大小。

(2)执行"画布大小"命令，按下快捷键<Alt+Ctrl+C>，根据需要调整总平图背景画布的尺寸大小。

11.4　文 件 保 存

执行菜单中的"文件"→"储存"，按下快捷键<Ctrl+S>，选择储存格式、文件名，点击保存(图 11-3)，最终完成总平图的 Photoshop 处理(图 11-4)。

图 11-3　选择文件保存格式

图 11-4　彩色总平面图

第三篇　SketchUp 三维建模

第十二章　图　件　导　入

12.1　绘图环境设置

1. 系统参数设置

(1)打开 SketchUp 程序，执行"窗口"→"系统设置"命令。在"SketchUp 系统设置"对话框中，在"模板"栏中将默认绘制模板设置为"建筑设计-毫米"(图 12-1)。

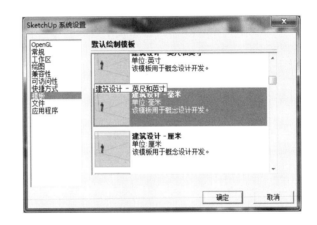

图 12-1　绘制模板设置

(2)执行"窗口"→"默认面板"命令，勾选"默认面板"中"材料""风格""图层"和"场景"(图 12-2)。此项操作可方便进行 SketchUp 绘图时查看模型的信息。

图 12-2　默认面板设置

（3）执行"视图"→"工具栏"命令。在"工具栏"对话框中勾选"大工具集""风格""截面""视图""实体工具"等常用工具栏（图 12-3）。

 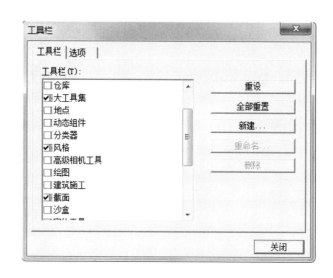

图 12-3　工具栏设置

2. 插件安装

（1）*.rbz 格式插件安装方法：启动 SketchUp，执行"窗口"→"系统设置"命令，在"扩展"栏中点击"安装扩展程序"，在磁盘中安装需要安装的插件。本案例中需要的插件有 Roof.rbz/Roof_v3.7.rbz 和 JoinPushPull_v3.6a.rbz。

（2）*.rb 格式插件安装方法：将所需插件复制到 SketchUp 安装文件夹中的

ShippedExtensions 文件夹中，启动 SketchUp，执行"视图"-"工具栏"命令，勾选所需安装的插件。

（3）执行"窗口"→"扩展程序管理器"命令，可显示系统已安装过的插件（图 12-4）。

图 12-4　插件安装

12.2　AutoCAD 文件导入

（1）选择菜单栏中的"文件"选项，选择其中的"导入"命令，在"导入"对话框中选择文件类型为"AutoCAD 文件 *.dwg *.dxf"。

（2）在"导入"对话框中点击"选项"，在"比例"栏中选择单位为"毫米"（图 12-5）。

图 12-5　文件导入

（3）首先应在 AutoCAD 中将绘制的林盘总平面图的不同景观要素分图层整理好，在 SketchUp "导入" 对话中选择分好图层的 AutoCAD 文件，确定导入（图 12-6）。

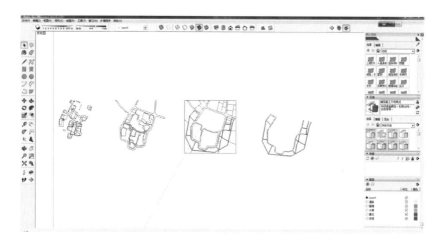

图 12-6　分图层导入

第十三章　场　地　建　模

13.1　图　层　封　面

(1)单击工具栏中的"选择"工具，用鼠标框选农田图层。

(2)打开菜单栏中"扩展程序"中的"Make face"功能插件程序，执行"封面"命令，等待封面完成，并检查对象是否封面完整且均为正面。

说明：封面时，常常会出现封面不成功或同时出现正反面的现象。若封面未完整，则需要启动工具栏中的"直线"命令，在命令栏输入快捷命令<l>，进行补线并将其封面。若出现部分反面现象，如图 13-1 中深色部分为反面，这时需要将其设置为正面。操作方法是右键单击反面，选择"反转平面"（图 13-2）。

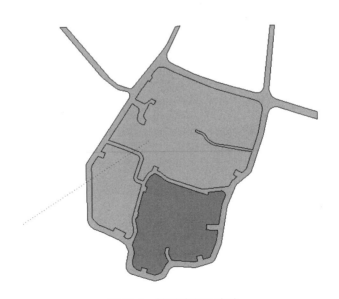

图 13-1　封面时出现反面

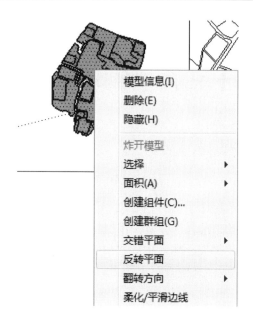

图 13-2　反转平面

（3）按类似操作方法，将铺地、道路、绿地、水体等图层进行封面（图 13-3）。

图 13-3　不同类型图层封面

13.2　创　建　组　件

(1)框选农田图层，右键单击对象，选择"创建组件"，执行"创建组件"命令(图13-4)，将组件命名为"田地"。

(2)按类似操作方法，分别创建铺地、道路、绿地、水体等组件。创建组件后，单击组件，其他对象就会被隔离。

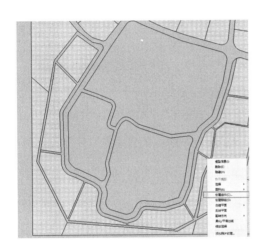

图13-4　创建组件

13.3　高　度　赋　值

(1)选择工具栏中的"推/拉"命令，在命令栏输入快捷命令<p>，赋予田地高度为1000mm(图13-5)。

(2)按类似操作方法，为道路高度赋值1200mm、水体高度赋值500mm、绿地高度赋值200mm(图13-6)。

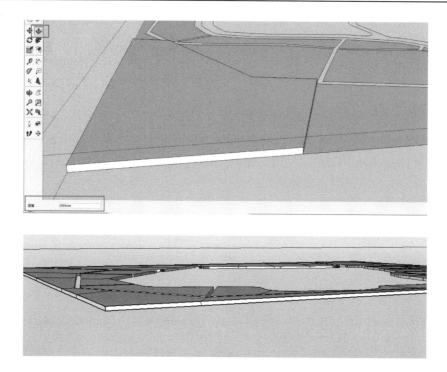

图 13-5　田地图层高度赋值

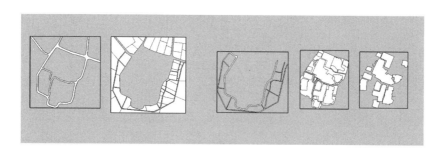

图 13-6　各类型图层高度赋值

13.4　材 质 粘 贴

1.　创建材质

（1）点击菜单栏中的"工具"，选择"材质"，打开"材质"对话框，在"材质"对话框中选择"创建"按钮（图 13-7）。在"创建材质"对话框中点击"浏览材质图像文件"图标，在"选择图像"对话框中选择合适的材质，点击"打开"，为新材质命名。可根据需要对材质的颜色、纹理和透明效果进行调整，确定后完成新材质的添加(图 13-8)。

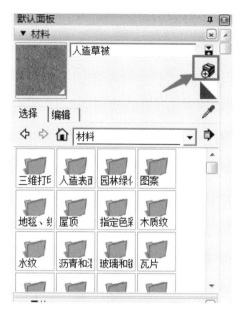

图 13-7　添加材质

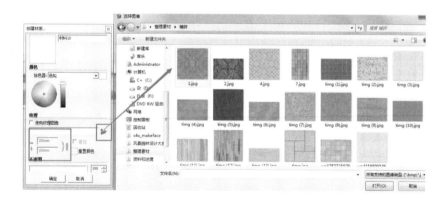

图 13-8　添加和调整材质效果

(2)在"材质"对话框中的"选择"栏，选择 SketchUp 自带材质库中的材质直接使用(图 13-9)。

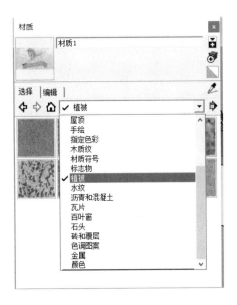

13-9　材质库中选择材质

2. 贴制材质

(1)框选田地组件，点击工具栏中的"油漆桶"工具，在命令栏输入快捷命令<b>，在"材质"对话框中选定所需材质图案，鼠标移动至绘图区中需要填充材质的模型表面，左键点击确认，完成材质贴制。

(2)按类似操作方法，将铺地、道路、绿地和水体组件附上相应的材质。

(3)执行工具栏中的"移动"命令，在命令栏输入快捷命令<m>，将铺地、道路、绿地和水体组件进行组合(图13-10)。

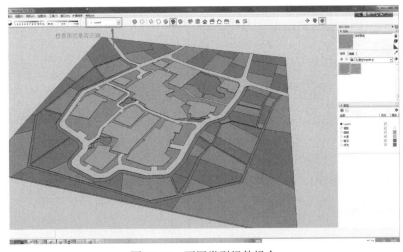

图 13-10　不同类型组件组合

第十四章 建 筑 建 模

本章以一栋建筑为例，介绍两种风景园林设计中建筑物建模的方法。第一种方法是单线墙体建筑建模法，适用于模型要求不高、不需要精细到建筑内部的情况。第二种方法是双线墙体建筑建模法，适用于对模型精度要求较高的情况，初学者可选学。

14.1 建 筑 体 块

方法一：

（1）将 AutoCAD 中的建筑图层导入 SketchUp，单击工具栏中的"选择"工具，用鼠标框选建筑图层。

（2）打开菜单栏中"扩展程序"中的"Make face"功能插件程序，执行"封面"命令，等待封面完成，并检查对象是否封面完整且均为正面（图 14-1）。

（3）执行"推拉"命令，根据房屋层数赋予不同的高度，其中一层建筑高度通常定为 3500mm，二层建筑高度为 7000mm（在体块拉伸高度的时候，可在建模型界面下方的数据框中输入相应的高度）。

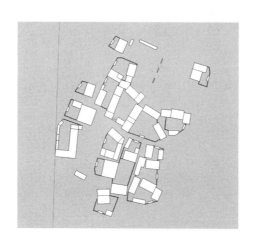

图 14-1 建筑图层封面

方法二：

（1）使用"矩形"工具，绘制一个矩形，并用"推拉"工具建一个立方体，高度设置为一层或二层建筑物高度。

（2）使用"移动"工具将立方体移动到建筑图层的相应位置，使立方体其中一个角点对准建筑图层平面图中某一建筑轮廓线的一角（图 14-2）。

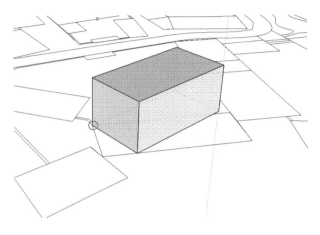

图 14-2　绘制立方体

（3）使用"选择"工具，左键双击进入立方体，选择其中一条边线，将光标点在边线下方的端点上进行移动，将其对准平面上的另一个角点，使立方体对齐建筑轮廓线（图 14-3）。

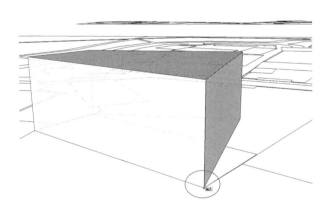

图 14-3　对齐建筑轮廓线

14.2　屋　　顶

(1)选择绘制好的建筑体块，执行扩展插件"Roof"，选择"Gable-Ended Roof[pick 3 Points]"悬山屋顶(图 14-4)。

图 14-4　屋顶插件

(2)单击建筑体块顶面的三个点，在弹出的屋顶设置参数窗口中，按照图 14-5 进行参数设置。其中，屋面坡度=30°，屋檐厚度=400mm，檐口挑出长度=1000mm。

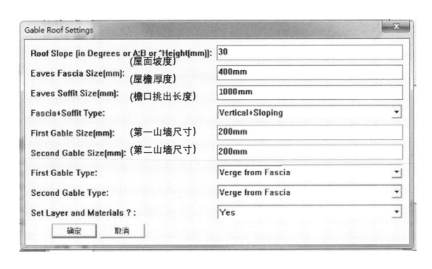

图 14-5　悬山屋顶参数设置

(3)执行工具栏"偏移"命令，在命令栏输入快捷命令<o>，输入偏移距离 200mm，将屋顶向上偏移，制作瓦块屋顶。

(4)执行"材质"命令，在命令栏输入快捷命令<b>，选择相应的材质，制作屋顶瓦面与木质材质(图 14-6)

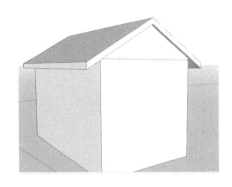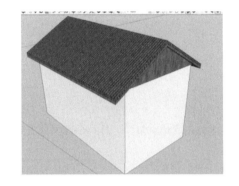

图 14-6　屋面制作和材质附予

(5)按照类似的操作步骤,可尝试插件中其他类型的屋顶的设置(图 14-7)。

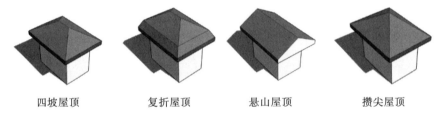

四坡屋顶　　　　　　复折屋顶　　　　　　悬山屋顶　　　　　　攒尖屋顶

图 14-7　不同类型的屋顶

14.3　框架结构

(1)执行"矩形"命令,在命令栏输入快捷命令<r>,绘制 300mm×200mm 的矩形。

(2)对矩形执行"推拉"命令,在命令栏输入快捷命令<p>,推拉高度与建筑体块高度同为 7000mm(层高为两层),绘制一个木柱子。

(3)执行"材质"命令,在命令栏输入快捷命令<b>,赋予木柱子一个适合的木质材质。

(4)选中木柱子,右键执行"创建组件"命令并命名为"柱子"(图 14-8)。

(5)执行"移动"命令,在命令栏输入快捷命令<m>,将木柱子底部一点与墙体底部一点重合。

(6)执行"旋转"命令,在命令栏输入快捷命令<r>,选择柱子与墙体重合的点,将木柱子沿柱子的边旋转合适角度,使木柱子直角面与墙体直角面平行贴合(图 14-9)。

(7)执行"复制"命令,按住 Ctrl 键,选择"移动"命令,在命令栏输入快

捷命令<m>，拖拽柱子的点移动至墙体的另一边(图14-10)。类似的方法，完成
建筑体块其他木结构框架(图14-11)。

图 14-8 木柱子

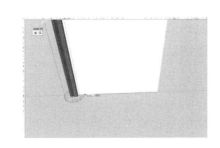

图 14-9 放置木柱子

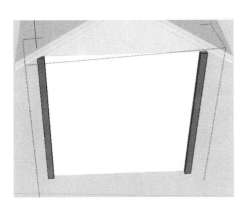

图 14-10 木结构绘制

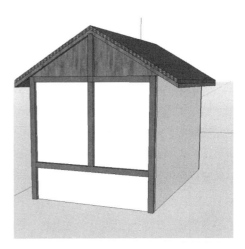

图 14-11 建筑木构架框架

14.4 阳 台

(1)执行"推拉"命令，在命令栏输入快捷命令<p>，将建筑体块一侧的墙体
向内推入2000mm，形成阳台空间(图14-12)。

(2)执行"矩形"命令，在命令栏输入快捷命令<r>，绘制阳台底面，矩形长
度和建筑体块长相同，宽度要求略宽于2000mm。

(3)执行"推拉"命令，在命令栏输入快捷命令<p>，赋予阳台底面一个厚度，
本案例中设置为200mm。执行"偏移"命令，绘制双层阳台底面，形成进退关系
(图14-13)。

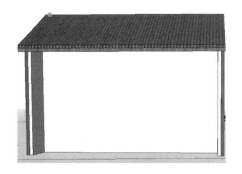

<table>
<tr><td>图 14-12　阳台空间</td><td>图 14-13　阳台底面</td></tr>
</table>

（4）执行"创建组件"命令，在命令栏输入快捷命令<g>，命名为"阳台底面"。

（5）使用"矩形"和"推拉"工具，在距离阳台底面 1200mm 高处，绘制阳台上沿围栏，根据阳台空间大小合理设置围栏的长、宽和厚度（图 14-14）。

（6）执行"圆形"命令，在命令栏输入快捷命令<c>，在阳台一角绘制一个半径 R=100mm 的圆。执行"推拉"命令，在命令栏输入快捷命令<p>，赋予高度 h=4000mm，绘制阳台柱并使其上接屋檐。执行"复制"命令，按住 Ctrl 键，使用"移动"工具，在命令栏输入快捷命令<m>，向一侧移动，输入距离=2000mm，形成间距为 2000mm 的阳台柱（图 14-15）。

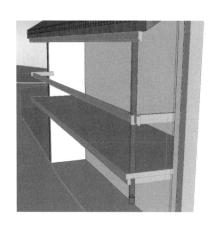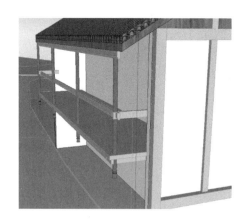

<table>
<tr><td>图 14-14　阳台围栏</td><td>图 14-15　阳台柱</td></tr>
</table>

（7）执行"矩形"命令，绘制边长为 50mm 的正方形，并使用"推拉"命令，赋予其高度 1200mm，绘制阳台栏杆并赋予木质材质（图 14-16）。执行"复制"命令，按住 Ctrl 键，使用"移动"工具，在命令栏输入快捷命令<m>，向一侧移动，输入距离=300mm，接着再输入"x30"，完成阳台栏杆绘制（图 14-17）。

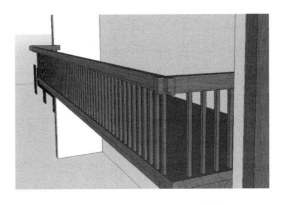

图 14-16 栏杆样式 　　　　　　　　　图 14-17 阳台栏杆

14.5 门 窗

(1)在素材库中选择合适的古建民居门窗 AutoCAD 素材，并导入 SketchUp。打开菜单栏中"扩展程序"中的"Make face"功能插件程序，执行"封面"命令。

(2)执行"推拉"命令，在命令栏输入快捷命令<p>，赋予门框和窗框一个宽度=100mm 的厚度，赋予玻璃宽度=50mm 的厚度。执行"创建组件"命令，将门框、窗框和玻璃各自成组(图 14-18)。

图 14-18 窗体组件

(3)执行"材质"命令,在命令栏输入快捷命令<b>,分别给门框、窗框贴制木质材质,窗户贴制透明玻璃材质(图14-19)。

图14-19 赋材质后的门窗

(4)执行"移动"命令,将上述完成的窗体移动到墙体合适的位置(图14-20)。单栋建筑建模效果如图14-21所示。

图14-20 放置门窗

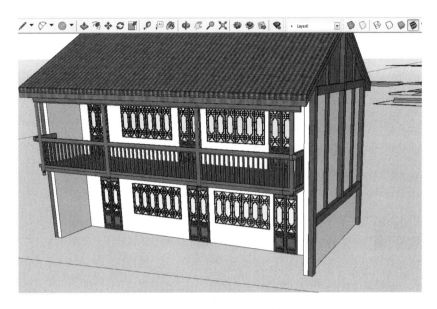

图 14-21　单栋建筑初步建模效果

若需要绘制门窗嵌入墙体效果，可采用以下两种方法：

方法一：实体工具中的差集法。

(1)打开"视图"→"工具栏"，在"工具栏"对话框中勾选"实体工具"（图 14-22）。

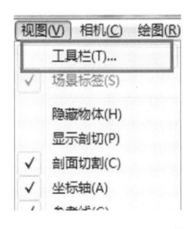

图 14-22　加载实体工具

(2)执行"矩形"命令，在命令栏输入快捷命令<r>，绘制与门窗相同轮廓的矩形，并赋予一定的厚度；右键选择体块，执行"创建群组"命令，将这几个体块创建为群组(图 14-23)。

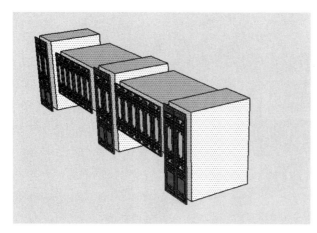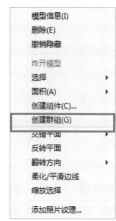

图 14-23　创建门窗体块

(3)执行工具栏中"移动"命令，在命令栏输入快捷命令<m>，将体块移动至建筑物墙体的合适位置(图 14-24)。

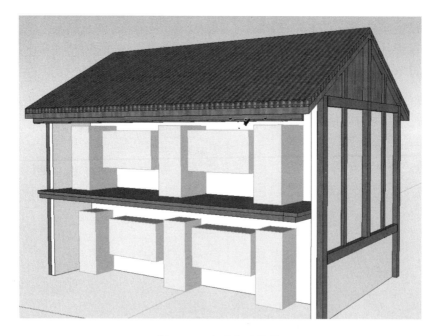

图 14-24　加载门窗体块

(4)点击"实体工具"条中的"减去"命令(14-25)，回到建筑体块，分别左键点击门窗体块和建筑体块，实现"减去"效果(图 14-26)。使用"移动"命令，将已赋材质的门窗放置到建筑体块的门窗框架中(图 14-27)。

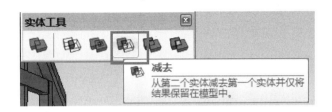

图 14-25　实体工具条减去

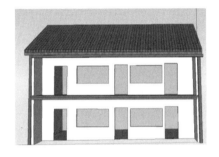

图 14-26　减去实体组群

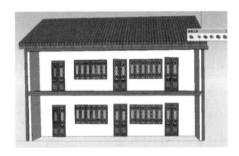

图 14-27　附加门窗

方法二：组件切割法。

(1)执行"矩形"命令，在命令栏输入快捷命令<r>，画一个长宽为 1500mm×1300mm 的矩形。执行"偏移"命令，在命令栏输入快捷命令<o>，偏移距离=50mm，画出窗框。使用"直线"命令绘制中线，并"复制"命令将中线向左右两侧 25mm 复制，删除中线，形成如图 14-28 所示的简易窗口样式。

(2)执行"推拉"命令，在命令栏输入快捷命令<p>，将窗框与玻璃向墙内推拉一定距离，绘制窗体与墙体的进退关系(图 14-29)。

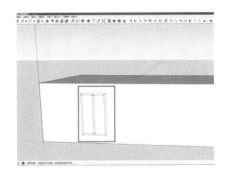

图 14-28　窗口样式

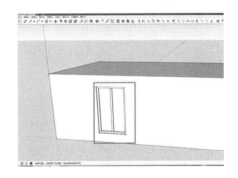

图 14-29　窗体与墙体的关系

(3)将窗户框选，右键点击"创建组件"，在命令栏输入快捷命令<g>，在创建组件选项中选择粘贴至"任意"，并勾选"切割窗口"（图 14-30）。

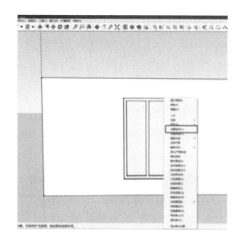

图 14-30　创建窗体组件

(4)执行"材质"命令，在命令栏输入快捷命令<b>，为窗户、窗框赋予材质（图 14-31）。多个窗口可选择组件后进行复制，此时的窗户即为嵌入墙体。

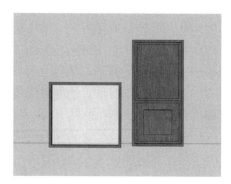

图 14-31　附材质的窗体

14.6　双线墙体建模

1. 文件准备

将平面户型图和建筑立面图等相关 AutoCAD 文件导入 SketchUp（图 14-32）。

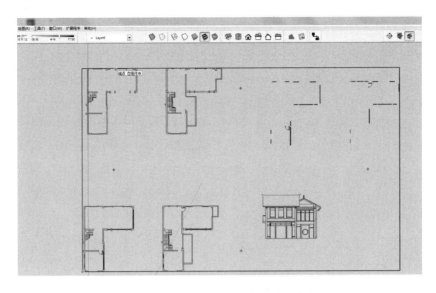

图 14-32　导入建筑户型图和立面图

2. 柱体绘制

(1)依据平面户型图中的柱子位置，用直线将柱子底面封面，执行"推拉"命令，在命令栏输入快捷命令<p>，赋予其高度=3500mm。选取这个对象，执行"创建组件"命令，在命令栏输入快捷命令<g>，并命名为"柱子"(图 14-33)。

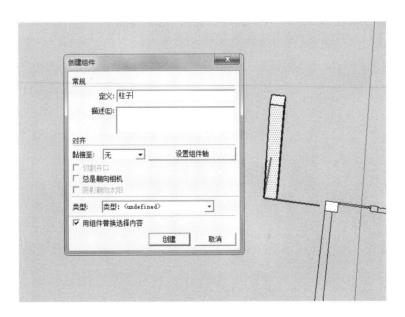

图 14-33　创建柱子组件

（2）复制柱子组件，单击工具栏"移动"，在命令栏输入快捷命令<m>，按住 Ctrl 键并拖拽柱子组件，即可将柱子复制到相应的点位（图 14-34）。

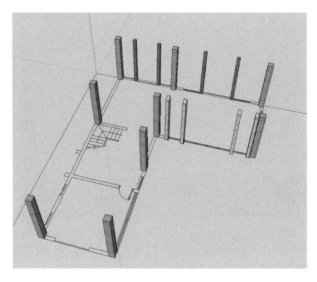

图 14-34　复制柱子组件

3. 墙体和门窗

（1）利用"直线"或"矩形"工具，将平面户型图上的墙体进行封面，执行"推拉"命令，在命令栏输入快捷命令<p>，赋予其高度=3500mm。选取墙体，执行"创建组件"命令，在命令栏输入快捷命令<g>，并命名为"墙体"（图 14-35）。

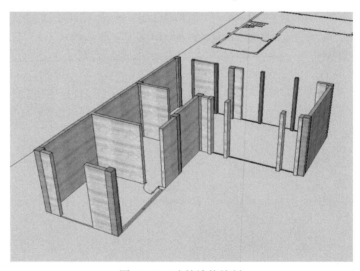

图 14-35　建筑墙体绘制

(2)执行"旋转"命令,在命令栏输入快捷命令<r>,将有门窗的建筑立面图旋转 90°,使其与相应的墙体平行(图 14-36)。

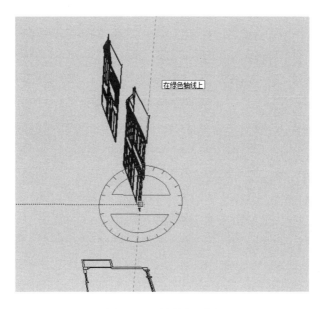

图 14-36 旋转立面图

(3)运用"直线"和"矩形"工具对立面图进行封面,执行"复制"命令,按下快捷键<Ctrl+C>,复制门窗轮廓线(图 14-37)。

图 14-37 门窗轮廓线

（4）执行"推拉"命令，在命令栏输入快捷命令<p>，设置玻璃厚度为50mm，窗框厚度为100mm（图14-38）。执行"创建组件"命令，在命令栏输入快捷命令<g>，并命名为"门窗"。

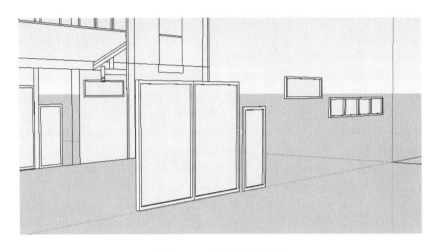

图14-38　门窗构建绘制

（5）执行"移动"命令，在命令栏输入快捷命令<m>，将门窗移动至相应墙体中。对于镶嵌在墙体中的玻璃窗，首先应执行"矩形"命令，在命令栏输入快捷命令<r>，在墙体中绘出玻璃窗大小的矩形后，执行"推拉"命令，在命令栏输入快捷命令<p>，为窗户留出位置（图14-39）。

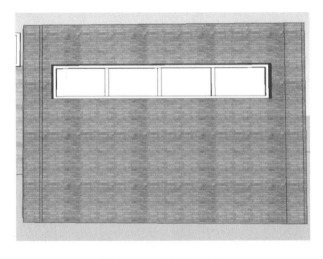

图14-39　留出门窗位置

(6)使用"直线"或"矩形"工具将门窗上方的墙体补全，并创建为组件（图 14-40）。

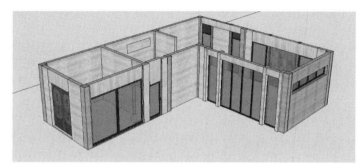

图 14-40　补全门窗上方墙体

(7)采用上述方法，完成建筑物第二层模型（图 14-41）。

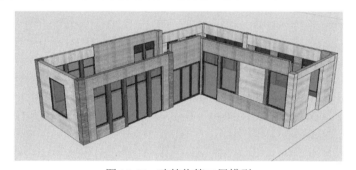

图 14-41　建筑物第二层模型

5. 阳台

(1)依据建筑平面户型图，使用"矩形""推拉""材质"等工具绘制阳台底面、围栏等（图 14-42）。阳台要和整体建筑模型分开绘制，并制作成组，以保证阳台是一个独立的体块组合，方便修改。

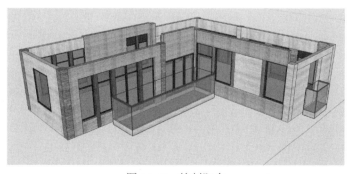

图 14-42　绘制阳台

6. 楼梯

(1)执行"矩形"命令，在命令栏输入快捷命令<r>，绘制 270mm×800mm 的踏面。

(2)执行"推拉"命令，在命令栏输入快捷命令<p>，赋予踏面高度 160mm。框选台面，右键单击"创建组件"命令，命名为"楼梯"（图 14-43）。

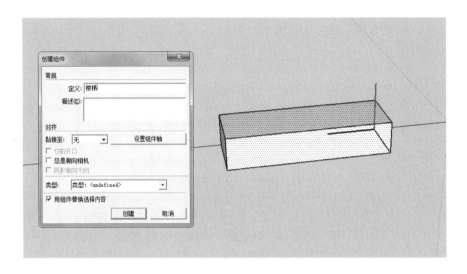

图 14-43 楼梯踏面

(3)选择需要的楼梯组件，单击"移动"命令，在命令栏输入快捷命令<m>，按住 Ctrl 键并拖拽对象，执行"复制"命令，按下快捷键<Ctrl+C>，将复制的新踏面放置在合适的位置，随后输入"x10"并回车键确认，即可做出十级台阶（图 14-44），然后将楼梯放入建筑模型内（图 14-45）。

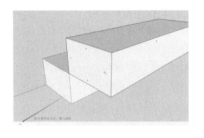 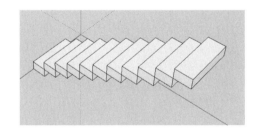

图 14-44 楼梯绘制

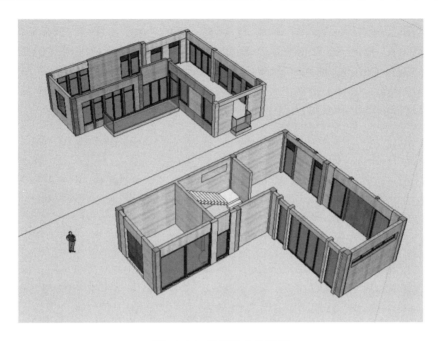

图 14-45 建筑物中的楼梯

7. 屋顶

（1）将 AutoCAD 屋顶平面图导入 SketchUp，使用"Make face"功能插件使其封面（图 14-46）。

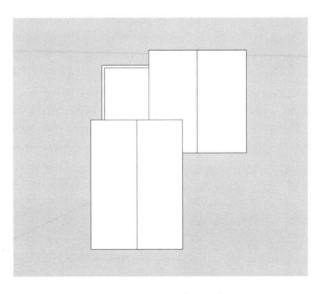

图 14-46 导入屋顶平面

（2）选中屋脊线，按住 Alt 键，使用"移动"命令，在命令栏输入快捷命令<m>，向屋顶方向上拉，并输入高度值 2500mm，将屋脊线拉起，形成坡屋顶（图 14-47）。

（3）按住 Ctrl 键，使用"移动"命令，在命令栏输入快捷命令<m>，向屋顶方向复制屋顶面，用"直线"工具连接两个面的角点，在命令栏输入快捷命令<l>，形成厚度 300mm 的屋顶，选中屋顶对象，右键执行"创建群组"（图 14-48）。

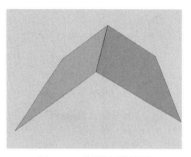 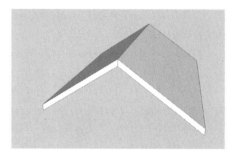

图 14-47 单层坡屋顶面　　　　　　　　　图 14-48 有厚度的屋顶

（4）执行"材质"命令，在命令栏输入快捷命令<b>，为屋顶添加木质材质。

（5）用类似的操作方法，将木质屋顶向上再复制一层（图 14-49），作为贴制瓦片材质的屋顶（图 14-50）。

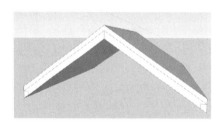 

图 14-49 双层屋顶　　　　　　　　　　图 14-50 屋顶结构

（6）执行"直线"命令，在命令栏输入快捷命令<l>，连接坡屋顶底边两点，形成面，并通过"推拉"命令，在命令栏输入快捷命令<p>，完善屋顶结构。

（7）屋顶的第二种绘制方法是直接利用侧立面绘制屋顶和其他构件。首先将侧立面图导入 SketchUp，封面完成后执行"推拉""材质"等命令，赋予不同构建不同的宽度和材质，完成坡屋顶绘制（图 14-51）。

图 14-51　利用侧立面图绘制坡屋顶

(8)坡屋顶完成后，执行"移动"命令，依据平面图将屋顶放置在相应位置（图14-52）。

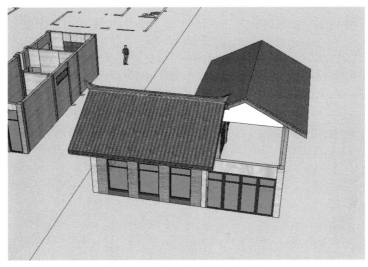

图14-52 在建筑物上加载屋顶

8. 组合构件

完成墙体、门窗、阳台、楼梯、屋顶等各组件之后，将组件组合，并将一层、二层建筑模型组合。框选所有建筑构建，右键选择执行"创建组"命令，完成建筑物模型（图14-53）。

图14-53 单栋建筑模型

14.7　院落和院墙

（1）分别选中院落图层、院墙图层，执行"推拉"命令，在命令栏输入快捷命令<p>，赋予院落铺装高度 200mm，院墙高度 2000mm（图 14-54）。框选院落图层和院墙图层，右键选择执行"创建群组"命令，将对象创建为群组。

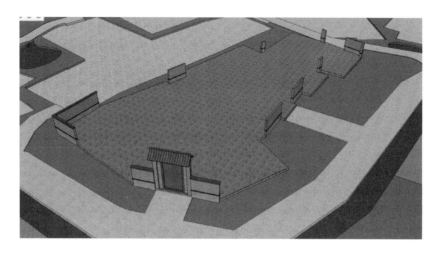

图 14-54　院落和院墙

（2）按上述建筑物模型构建方法，逐一完成所有建筑模型构建及林盘院落其他图层的模型构建，最终完成林盘 SketchUp 模型（图 14-55）。

图 14-55　林盘模型

第十五章 场 景 处 理

15.1 阴 影 设 置

1. 添加阴影

(1)在"视图"→"工具栏"中勾选"阴影"工具，将"阴影"工具加载到绘图界面工具栏中。

(2)在"阴影"工具条中点击"显示/隐藏 阴影"图标，可显示阴影。

注意：在不需要阴影效果时，通常将阴影显示关掉，以便提高软件运行和模型处理速度。

2. 阴影设置

在"阴影"工具条中点击"阴影设置"，在弹出的"阴影设置"对话框中可以根据具体需要调整时间、日期，阴影的亮、暗，以及阴影的显示方式等内容(图 15-1)。

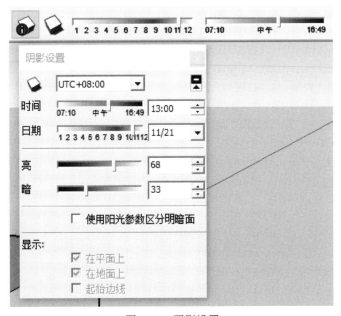

图 15-1　阴影设置

15.2　相机设置

（1）单击工具栏中"相机"工具条上的"定位相机"图标，启动相机定位功能。回到绘图区，按住鼠标左键，向所看方向拉伸至适当的位置后放开鼠标，系统自动产生定位相机操作后的场景效果。

（2）键盘输入视线的高度（人站立视线高度约为 1650mm），绘图区自动呈现所设置的透视效果，视角调制结束。

（3）在菜单栏"相机"中勾选"两点透视图"，查看最终模型效果（图 15-2）。

图 15-2　两点透视效果

15.3　添加场景

（1）在菜单栏"窗口"→"默认面板"中勾选"场景"，将"场景"工具条添加到默认面板中（图 15-3）。

（2）在绘图区利用"平移""环绕观察""定位相机"等命令，设置好合适角度的透视效果图，点击"场景"工具条中的"添加场景"图标，完成场景的添加。重复上述操作，可添加新的场景（图 15-4）。

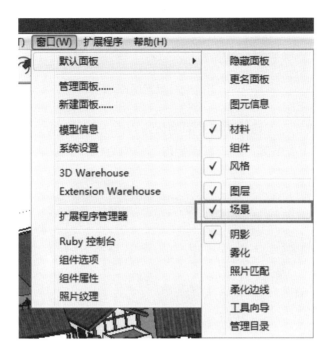

图 15-3　添加场景工具条

图 15-4　添加场景

15.4　显示模式

SketchUp 的"显示模式"工具栏中，对模型提供常用的 5 种显示模式，分别是"X 光模式""线框""消隐""着色""材质与贴图"。默认情况下显示"着色"模式(图 15-5)。

图 15-5　显示模式

（1）"X 光模式"下场景中所有的物体均为透明，在此模式下，可以在不隐藏任何物体的情况下非常方便地查看模型内部的构造（图 15-6）。

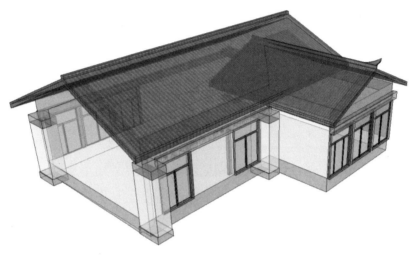

图 15-6　X 光模式

（2）"线框"模式下是将场景中的所有物体以线框的方式显示，此种模式下场景中模型的材质、贴图、面都是失效的，但此模式下的显示速度较快（图 15-7）。

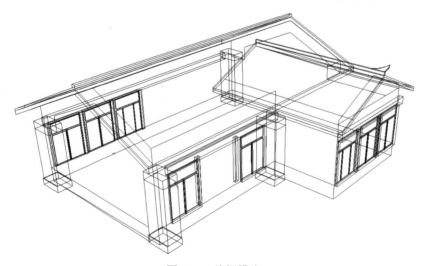

图 15-7　线框模式

（3）"消隐"模式是隐藏模型中所有背面的边和平面颜色（图 15-8）。

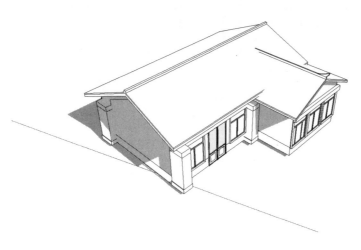

图 15-8　消隐模式

（4）"着色"模式，是在"消隐"模式的基础上将模型的正反面用颜色来表示，这种模式是 SketchUp 默认的显示模式。在绘制中，要确保模型为正面，可以在模板中将反面设置为较为鲜艳的颜色，便于更改错误（图 15-9）。

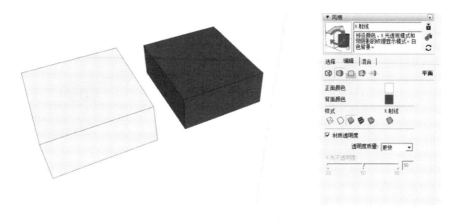

图 15-9　设置模型正反面颜色

（5）"材质与贴图"模式是场景中的模型被赋予材质后，可以显示出材质与贴图的效果（图 15-10）。图形绘制完成后可以使用该模式来查看整体效果。

15-10　材质与贴图模式

15.5　视 图 切 换

SketchUp 中的"视口"工具栏提供不同视图的切换（图 15-11），工具栏中的图标从左到右依次表示"等轴透视""顶视图""前视图""右视图""后视图""左视图"，分别表达了模型的平、立、剖、三维视图在 SketchUp 中的显示（图 15-12）。

图 15-11　视图工具栏

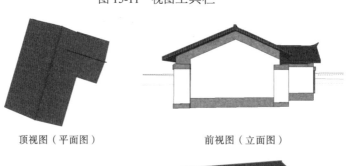

顶视图（平面图）　　　　　　　　前视图（立面图）

剖面图（透视图）　　　　　　　等轴透视（透视图）

图 15-12　模型的不同视图

点击选择"视图"工具中所需要的视图效果（图 15-13），配合"截面"工具中的"剖切面"工具，在绘图区中选择合适的剖切面，可查看剖面切割效果。

图 15-13 视图和剖切面效果

15.6 场景效果图

1. 场景设置和导出

（1）利用"平移""环绕观察""定位相机""阴影"等命令调整模型视图，选择适合的显示模式和视图，设置好模型的透视效果图，点击"场景"工具条中的"添加场景"图标，完成场景的添加（图 15-14）。

图 15-14 设置并添加场景

(2)选择菜单栏中的"文件"→"导出"→"二维图形"（图 15-15），在弹出的"输出二维图形"对话框中选择导出图像的文件类型和要保存的位置，还可以点击对框框中的"选项"按钮，调整图像的分辨率和图像质量，点击确定导出图像（图 15-16）。

图 15-15　导出二维图形　　　　　　图 15-16　调整图像分辨率

2. 分步导图

为便于后期 Photoshop 处理，通常情况下可采用分步导图的处理方法。

(1)导出纯线稿图，在绘图区中将模型调整到需要打印的场景，选择"消隐"显示模式，点击打开菜单栏中的"窗口"，勾选"样式"，在"样式"工具栏中的"编辑"中勾选"边线"（图 15-17）。选择菜单栏中的"文件"→"导出"→"二维图形"，选择保存路径和文件名，导出场景图像。

图 15-17　导出纯线稿图

（2）导出无边线图，保持同一场景，选择"材质与贴图"显示模式，点击打开菜单栏中的"窗口"，勾选"样式"，在"样式"工具栏中的"编辑"中取消"天空""边线"和"轮廓线"（图 15-18）。选择菜单栏中的"文件"→"导出"→"二维图形"，选择保存路径和文件名，导出场景图像。

图 15-18　导出无边线图

3. 场景图像处理

（1）使用 Photoshop 打开线稿图，使用"橡皮擦"工具删除背景和图中的黑色图块，仅保留黑色边框线（图 15-19）

图 15-19　线稿图 Photoshop 处理

（2）将无边线图导入 Photoshop，使用"魔棒"工具将白色天空区域选中并删除（图 15-20），从素材库中选择一个"天空"素材，作为新图层插入，并打开

Photoshop 中"图像"→"调整",根据需要调整图层的对比度、色相/饱和度等,最后运用一些素材如树、人等使画面丰富,达到最佳画面效果(图 15-21)。

图 15-20　删除天空区域

图 15-21　场景处理效果

15.7　鸟　瞰　图

1.　鸟瞰图准备

（1）利用"平移""环绕观察""定位相机""阴影"等命令调整模型角度，选择适合的显示模式和视图。在菜单栏"窗口"中勾选"样式"，在"样式"工具栏中的"编辑"中关闭"轮廓线"，并将天空背景设置为白色，导出鸟瞰图（图15-22）。

图 15-22　导出鸟瞰图

（2）使用Photoshop打开鸟瞰图，执行"复制图层"命令，按下快捷键<Ctrl+J>，在副本图层中，执行"魔棒"工具，在命令栏输入快捷命令<w>，选择白色区域部分并将其删除（图15-23）。

图 15-23　删除白色区域

2. 添加背景

在素材库中选择适合的天空和山体背景素材，导入 Photoshop 并置于鸟瞰图副本图层之下，在图层衔接处使用"橡皮擦"工具擦拭以虚化背景（图 15-24）。

图 15-24　添加背景

3. 添加草地

（1）在素材库中选择合适的草地素材，导入 Photoshop 并置于鸟瞰图图层之下。

（2）为鸟瞰图层添加"矢量蒙版"，设置前景色为黑色，使用"魔棒"工具在鸟瞰图的农田区块中选择合适的选区并填充前景色，按下快捷键<Alt+Delete>，将素材草地置于合适的选区位置，从而将选取的草地素材贴进选区（图 15-25）。

图 15-25　添加草地效果

4. 水体处理

同上，使用类似"矢量蒙版"方法，添加水体(图 15-26)。

图 15-26　添加水体

5. 添加树木

在素材库中选择合适的树木植物素材，添加到鸟瞰图中，要注意树木的疏密关系、透视关系和色彩的冷暖渐变，最终完成鸟瞰图处理(图 15-27)。

图 15-27　鸟瞰图

主要参考文献

[1] 章广明，阮煜，刘永宽. 计算机辅助园林设计. 北京：中国林业出版社，2016.

[2] 李彦雪，熊瑞萍. 园林设计 CAD+SketchUp 教程. 北京：中国水利水电出版社，2015.